U0950349

抉择决定命运

林 欣 编著

JUEZE JUEDING MINGYUN

北京工业大学出版社

图书在版编目（CIP）数据

抉择决定命运 / 林欣编著 . —北京：北京工业大学出版社，2013.1

ISBN 978-7-5639-3294-8

Ⅰ . ①抉… Ⅱ . ①林… Ⅲ . ①成功心理—通俗读物
Ⅳ . ① B848.4-49

中国版本图书馆 CIP 数据核字（2012）第 250010 号

抉择决定命运

编　　著：林　欣
责任编辑：李　华
封面设计：尚世视觉
出版发行：北京工业大学出版社
（北京市朝阳区平乐园 100 号　100124）
010-67391722（传真）bgdcbs@sina.com
出 版 人：郝　勇
经销单位：全国各地新华书店
承印单位：唐山才智印刷有限公司
开　　本：787 mm × 1092 mm　1/16
印　　张：17
字　　数：234 千字
版　　次：2013 年 1 月第 1 版
印　　次：2021 年 1 月第 2 次印刷
标准书号：ISBN 978-7-5639-3294-8
定　　价：32.00 元

版权所有　翻印必究
（如发现印装质量问题，请寄本社发行部调换 010-67391106）

前　言

人生在世，随时随地都可能面临无数的抉择。当我们准备从事某项工作的时候，当我们遇到讨厌的人的时候，当我们面对愤怒事情的时候，当我们选择恋人、配偶、朋友的时候……我们所作出的抉择都可能会影响我们的生活，乃至一生的幸福。

林肯说过这样一句话：所谓聪明的人，就在于他懂得如何抉择。

抉择是竖立在我们人生曲折道路上的一块块路标，而有的路标出现在前途未卜的十字路口，这就到了人生决定性的时刻。决定性的时刻更需要正确的、不可回避的、勇敢的抉择，因为我们所作的每一个抉择都决定着我们的命运。

只有学会了正确的抉择，我们才能拥有美满的人生，获得成功的事业！

只有学会了正确的抉择，人生才有主题，人生的坎坷才会被踏平，演奏出生命的精彩乐章。

本书通过大量贴近生活或工作的事例，用精练的笔触、生动感性的语言，多角度、多方位阐述了面对众多选择时，该如何作出正确抉择，对读者有很好的指导意义。

目　录

第一章　面对人生目标的抉择

有远大志向才会有宏大追求

成功的人生首先需要有远大的目标。远大的志向是人生之旅的航标，没有志向的人生，就好像失去了方向的航船，徘徊不前，最终会被风暴吞没。

志存高远，执着追求，是一切成功者的共同特征；没有目标和信念，就不可能成就事业。“才须学也，非学无以广才，非志无以成学”，只有坚定了自己的信念，树立起人生的远大志向，并为之艰苦奋斗，出色的人生才会向我们招手。

为了攀越人生巅峰，获得人生的全面成功，我们就必须设定远大的人生目标。成功的人生告诉我们：有志向才会有结果，有远大的志向才能带来人生的成功。

如果一艘航船在大海中失去了方向，而在海上打转，它很快就会把燃料用完，而永远到达不了彼岸。一个人若是没有远大的志向，以及实现志向的明确计划，不管他如何努力工作，都像是一艘失去方向的航船。

我们一定要把“从现在开始，三年、五年或十年以后我们会走到哪里”这个问题摆在心里，因为这件事对我们自己将来的发展关系很大。我们应该确立自己的目标，这是迈向成功的第一步。

我们在考虑未来时，一定要以长期目标作为我们人生的理想。只要有了目标，我们就会全身心地投入，为目标的实现而努力工作。当我们为实现目标而建立的“自动控制装置”发动时，我们的所作所为只会朝一个方向，那就是我们的目标。如此，实现目标便不再是梦想。

我们应该拥有远大的志向，这样才能激起我们对生活的热情。同时，由于有了这种远大的志向，我们的人生才能有较大的发展。

如果没有远大的志向，暂时的阻碍也可能会构成无法避免的挫折。家庭问题、疾病、车祸，以及其他无法控制的种种情况，都可能是重大的阻碍。而如果我们有了远大的志向，就会对消极的情况作出正确的、积极的反应，就会懂得：挫折，不管多严重，都是进步的踏脚石，而不是绊脚石。

远大的志向是人格最好的显示器，它需要奉献、训练与决心。我们一生为之奋斗的伟大志向，一定可以帮助我们实现人生的梦想。

目标是人生路上的指南针

有一个年轻的记者问美国前总统罗斯福的夫人：“尊敬的夫人，你能给那些渴求成功特别是那些刚刚走出校门的人一些建议吗？”

总统夫人谦虚地摇摇头，但又接着说：“不过，先生，你的提问倒令我想起我年轻时的一件事。那时，我在本宁顿学院念书，想边学习边找一份工作做，最好能在电讯业找份工作，这样我还可以多修几个学分。我父亲便帮我联系，约好了去见他的一个朋友，也就是当时任美国无线电公司董事长的萨尔洛夫先生。

“等我单独见到萨尔洛夫先生时，他便直截了当地问我想找什么样的工作，具体哪一个工种。我想：他手下的公司任何工种都让我喜欢，无所谓选不选了。便对他说，随便哪份工作都行！

“只见萨尔洛夫先生停下手中忙碌的工作，眼光注视着我，严肃地说：‘年轻人，世上没有一类工作叫“随便”，成功道路的终点是目标！’”

表现杰出的人士都是遵循着这样一条不变的途径以达到成功，世界闻名的潜能激发大师——美国的安东尼·罗宾先生称这条途径为“必定成功公式”。这条公式的第一步是要知道我们所追求的，也就是要有明确的目标。第二步就是要知道该怎么去做，否则我们只是在做梦。应该立即采取的措施，就是寻找出最有可能实现目标的做法。

如果我们仔细留意每一位成功者的做法，就会发现他们大都是遵循这些步骤去做的。一开始先制定目标，否则不可能一发即中；然后采取行动，因为坐着等是不行的；接着是拥有分析和判断能力，知道反馈信息的性质；然后不断地修正、调整，改变不切实际的做法，直到有效为止。

伯尼·马科斯是美国新泽西州一个贫穷的俄罗斯裔移民的儿子。亚瑟·布兰克则生长在纽约的中下层街区，在那儿，他曾与不良少年为伍。当他15岁时，父亲去世。布兰克说：“在我的成长过程中，我一直确信生活不是一帆风顺的。”

布兰克和马科斯在洛杉矶一家电脑硬件零售店工作没多久，就被新来的老板解雇了。第二天，一位从事商业投资的朋友建议他们自己办公司。马科斯说：“一旦我不再沉浸在痛苦中，我便发现这个主意并不是妄想。”

现在，马科斯和布兰克经营的家庭库房设备，在美国迅猛发展的家用设备行业中占有一席之地。马科斯说：“当你绝望时，你有人生目标吗？我问了55位成功的企业家，40位都确切地回答：有！”

所以，人必须有目标，然后为自己的目标而努力。辛勤工作并不表示你真正投入工作了，就好比是砌砖墙：有的人默默埋头苦干，虽然觉得工作很无聊，但还是认命地做下去；有的人则是一面砌墙，一面想象这座墙砌成后的面貌，上面也许会爬满牵牛花，孩子们也许会攀在墙头上看风景等。

前一个砌墙人虽然卖力，其实只是在既有的工作上打转，生活对他而言是一种磨难。后者却能陶醉在工作中，同时他很可能一面工作，一面思考改善，这样工作不仅不会让他觉得无聊，还让他有机会成为这一行的高手。

一个叫秦莉的空中小姐，很喜欢环游世界。另一个空中小姐宝玲也一样，但她还希望有自己的事业，最好与旅游有关。宝玲每到一个地方，就不停地记下她经历过的一切，尤其是当地的旅馆及餐厅状况，并不时把自己的经验提供给乘客。

终于，宝玲被调到旅游团队接待部门，因为她就像一本活百科全书，掌握的旅游知识非常丰富。她在那个部门如鱼得水，更掌握了世界各大城市的旅游动态。几年之后，她已拥有了一家自己的旅行社。

而秦莉呢？她还是一个空中小姐，尽管还是努力工作，但显然并没有什么升迁的机会。事实上，秦莉和宝玲一样卖力工作，只是秦莉没有目标，没有像宝玲一样把工作看作是发展自己潜力的活动。因此，没有特定目标的人，往往终生在原地打转。

如果我们有明确的目标，并且能完全投入，所有的机会都会蜂拥而来。人都有惰性，即使一心想成功的人，一样有提不起劲的时候，不过只要我们承认这一点，并坚持不向惰性屈服，我们的成功便指日可待。

不甘居人下，才能成为人上人

人不怕被轻视，就怕没骨气。只要有骨气，那么困难也好、委屈也好、侮辱也好，统统都不是问题，统统都不可怕。他会大气地面对这一切，然后，高高地挺起胸膛，咬紧牙关，发奋努力，最终让别人刮目相看！

吴士宏的成功经历让人十分佩服。

多年以前，吴士宏还是一个护士。1985年，她决定要到IBM去应聘。当时，IBM的招聘地点在长城饭店，这是一个五星级的饭店。

试想，当年的吴士宏，来到长城饭店这样的五星级饭店门口，心情会怎么样！

她回忆说，在长城饭店门口，自己足足徘徊了五分钟，呆呆地看着那些各种肤色的人如何从容地迈上台阶，如何一点也不生疏地走进门去，就这样简简单单地进入另一个世界。她之所以徘徊了五分钟不敢进去，就是因为她的内心深处无法丈量自己与这道门之间的距离。

经过一番思考，她最后还是进去了。她是怎样突破这个障碍的呢？凭着一台收音机，她花一年半时间学完了许国璋英语三年的课程。就是凭着这段经历，自己也应该进去！

她鼓足了勇气，迈着稳健的步伐，穿过威严的旋转门和内心的召唤，走进了世界最大的信息产业公司IBM公司的北京办事处。

她的确是个人才，很快顺利地通过了两轮笔试和一轮口试，最后到了主考官面前，眼看就要大功告成了。

主考官没有提什么难的问题，只是随口问："你会不会打字？"

她本来不会打字，但是本能告诉她，到了这个地步，还有什么不会呢？

她点点头，只说了一个字："会！"

"一分钟可以打多少个字？"

"您的要求是多少？"

"每分钟120字。"

她不经意地环视了一下四周，没有发现打字机，于是马上回答："没问题！"

主考官说："好，下次录取时再加试打字！"

她就这样过五关斩六将，顺利地通过了主考官的考试。

实际上，吴士宏从来没有摸过打字机。面试结束，她就飞快地跑去找一个朋友借了170元钱，买了一台打字机，就这样没日没夜地练习了一个星期，居然达到了专业打字员的水平。

她被录取了，IBM公司"忘记"考她的打字水平了，可是这170元钱，她好几个月才还清。

她成了这家世界著名企业的一名员工，没想到的是，她的主要工作是泡茶倒水，打扫卫生，用她自己的话说，"完全是脑袋以下的肢体劳动"。她为此感到很自卑，她把可以触摸传真机作为一种奢望。

一天，吴士宏推着平板车买办公用品回来，门卫把她拦在大门口，要检查外企工作证。她没有外企工作证，于是就在大门口僵持起来，进进出出的人个个都向她投去异样的目光。当时，她的内心充满了屈辱，充满了无奈，她知道这份工作得之不易，便没有发泄出来，可是她咬着牙齿对自己说："我不能这样下去！"

之后的另一件事在她的内心深处留下了更深的印象。

有个女职员，资格很老，动不动就喜欢指使人给她办事，吴士宏就是她的主要指使对象。

一天，这位女士叫着吴士宏的英语名字说："如果你想喝咖啡就请告诉我！"

吴士宏"丈二和尚摸不着头脑"，不知这位自以为是的女人在说什么。

这个女职员接着说："如果你喝我的咖啡，每次都请你把杯子的盖子盖好！"

吴士宏本来是一个很会忍气吞声的人，这次她的温柔全都不见了，因为她认为那女人把自己当成偷喝咖啡的小毛贼了，这是一种人格上的侮辱。她顿时浑身颤抖，就像一头愤怒的狮子，把埋在内心的满腔怒火全部发泄了出来……

吴士宏想：有朝一日，我要去管理公司里的每一个人！

“人不可有傲气，但不可无傲骨”，甘愿自卑，就只能沉沦下去；不肯自卑，就会产生无穷的推动力。一次次的屈辱，没有磨灭吴士宏的骨气，反倒激起了她的斗志。吴士宏每天除了工作就是学习，寻找着自己的最佳出路。

最终，与她一起进 IBM 的职员中，她第一个做了业务代表；她成为第一批本土经理；她成为第一批赴美国本部进行战略研究的人；她第一个成为 IBM 华南地区总经理——也就是人们常说的“南天王”……吴士宏还登上了 IBM（中国）公司总经理的宝座。

吴士宏之所以成功，就在于她从来没有真正害怕过什么东西，即使不会的东西也是这样。只有这样，才能无畏无惧地走下去。

做人就该有这么点精神，就该有自立自强的品质，就该有敢于成为人上人的愿望和决心，这种不言败、不服输的劲头，就是一种大气，一种成大事必备的素质。

制定合适的目标

法国启蒙思想家狄德罗说过：“没有目的，就做不成任何事；目的渺小，就做不成任何的大事。”不同的目标，决定了我们会取得不同的成就。目标是我们的导航灯，没有它我们的前途就会变得一片茫然。如果我们在心中没有给自己一个确切的定位，那么生活中就会缺少许多动力、许多智慧。

如果想早一点到达事业的巅峰，我们就一定要给自己制定一个目标。

当然，目标的制定一定要科学，既不能太高，也不能太低。太高了，达不到就会挫伤我们的积极性；太低了，又难以激发出我们体内的潜能。

潜能大师安东尼·罗宾曾说过这样的话："有什么样的目标，就会有什么样的人生。"凡是那些功成名就的人士，没有一个不是有着远大的理想和抱负的。正是这种与众不同的追求，使他们建立了自己的功业。

哈佛大学曾做过一个著名的实验：对一群智力、年龄相近的年轻人做了一项调查。其中，3%的人对自己的将来有清晰而长远的目标，10%的人有清晰但比较短期的目标，60%的人只有一些模糊的目标；而其余27%的人则根本没有什么目标。

25年后，哈佛对这些人做了跟踪调查，结果发现了一个令人震惊的事实：3%有明确、长远目标的人全部成为社会各界的领袖人物；10%有短期目标的人也成为各行各业的精英；60%没有目标的人则过着相对平庸的生活；而那些根本没有目标的人有的甚至挣扎在艰难生活的边缘。这，就是目标的力量。不同的目标决定我们有不同的表现，不同的表现决定我们有不同的人生。

有时，阻碍我们成功的，并非贫穷或困苦的生活环境，而是内心对自己的限定。如果我们抱有一个坚定不移的目标，就算没有钱来买书，仍然可以通过借阅来获得知识。无法想象一个胸无大志的人会成就一番伟业，也无法想象像林肯·威尔逊这样的人会被淹没于茫茫人海中。正是梦想，使他们达到了辉煌。

如今，我们见多了企业销声匿迹的情景。当然，其中不乏管理上的疏忽，但是每个企业给自己的定位也是一个不可忽视的因素。就像一个人的成功一样，许多大企业也是由名不见经传的小公司成长起来而最后成为商业航母的，摩托罗拉就是很好的因追逐目标而成功的典型。

1988年，摩托罗拉与其他60多家企业争夺"美国国家品质奖"。这个奖象征着美国企业界的最高荣誉，赢得此奖，也就相当于向外界宣誓自己能生产全国品质最好的产品。

竞争的残酷是可想而知的。很多参赛单位实际上都只是大公司的一个部门，而摩托罗拉以整个公司的身份参与竞争。

其实，早在1981年，摩托罗拉公司就为了能赢得这个奖项而在做准备了。它派出侦察小组，到世界各地最优秀的生产地去考察，以使自己的产品做到精益求精，因此降低生产中的错误率成为公司的唯一目标。结果，在工程师及工人的努力下，错误率降至90%，但摩托罗拉公司仍然不满意。紧接着，公司又制定了新的目标：就移动电话而言，每产生100万个零件，仅容许三四个错误，也就是说要求产品的合格率达到99.9997%。在这个目标的带动下，摩托罗拉的产品变得无可挑剔，最后连负责评审的美国国家品质奖的蓝带小组也不得不表示叹服。最终，摩托罗拉的付出也得到了回报，它击败了众多的竞争对手，赢得了该奖项。

当年，摩托罗拉就因减少昂贵的零件修复与替换工作而节省了2亿多美元，收入则增加了23%。一位主管甚至称：“得美国国家品质奖，有一种金钱买不到的奇效。”

这就是靠自己成功的力量，它有一种带动作用，可以让我们飞向更高、更远的天空。

不要再以为自己多么渺小，自己从事的工作多么微不足道，只要我们能够将成功变成一种强烈的内心渴望，就一定会从狭小的圈子里脱颖而出，登上人生金字塔的顶峰。

咬定目标不放松

英国首相丘吉尔曾说：“我的成功秘诀有三个：第一是，决不放弃；第二是，决不，决不放弃；第三是，决不，决不，决不放弃！”正因为如此，丘吉尔取得了令世人瞩目的成就。

对目标的坚定和执着往往是成就一个人的关键，心中追求的火焰不熄灭，就终会有达到目标的一天。

史泰龙出身贫苦，母亲专横任性，父亲是个酒鬼。10 岁时父母离异，他经常被同学欺侮，成了同学们的练拳对象，13 岁便辍学在家。

工作了 5 年后，他决心成为一名电影明星，尽管他知道自己有口吃的毛病，人长得不漂亮，又没有文化。但是，他有了想法和决心之后,就立刻行动了起来。他找来好莱坞电影公司的记录本，开始一个一个去推荐自己。他遭受了 1000 次的拒绝，但这 1000 次的拒绝竟丝毫没有阻止史泰龙去实现做明星的梦想和决心。

有了 1000 次行动全部遭到拒绝的经验后，史泰龙根据自身体验写了《洛奇》的剧本，又开始走进一家又一家的电影公司。

在第 1600 次的时候,终于有人愿意出钱买他的剧本了。这时，他身上只剩下 40 元现金，可是当他听到电影公司不同意由他主演的时候，他第一次拒绝了别人。

直到在第 1885 次的时候，史泰龙终于如愿以偿。他主演了电影《洛奇》，并一炮打响。史泰龙的片酬打破了好莱坞的新纪录，达到 2500 万美元。

1885 次！对于一般人而言，应该早就知难而退了，但 1884 次的失败并没有动摇史泰龙坚定的信念，他把每次的拒绝当作激励和鞭策自己的动力。一次一次的失败与拒绝，给了他不断完善的机会，也是这样一个由量变到质变的过程成就了他的辉煌。

桑德斯上校是“肯德基炸鸡”连锁店的创办人，当他开始从事这个行业时，境况非常糟糕。当时的他身无分文且孑然一身，但他拥有一份炸鸡秘方，于是他想用自己的秘方与餐馆合作，自己从中抽成。

他很快将自己的想法付诸行动，挨家挨户拜访，把想法告诉每家餐馆："我有一份上好的炸鸡秘方，如果你能采用，相信生意一定能够提升，而我希望能从增加的营业额里抽成。"

很多人都当面嘲笑他："得了吧，老家伙，若是有这么好的秘方，你干吗还穿着这么可笑的白色服装？"这些话是否让桑德斯上校打退堂鼓呢？丝毫没有，因为他还拥有一条成功秘诀，人们称其为"能力法则"，意思是指"不懈地拿出行动"：在你每做什么事时，必得从其中好好学习，找出下次能做好的更好方法。桑德斯上校确实奉行了这条法则，从不为前一家餐馆的拒绝而懊恼，反倒用心修正说辞，以更有效的方法去说服下一家餐馆。

桑德斯上校的点子最终被接受，在1000多次之后，他才听到第一声"同意"。在过去两年时间里，他驾着自己那辆又旧又破的老爷车，足迹印上美国的许多角落。困了就和衣睡在后座，醒来逢人便诉说他的点子。他为人示范所炸的鸡肉，经常就是果腹的餐点。很难有几个人能受得了20次的拒绝，更别说100次或1000次的拒绝。然而这也就是成功的可贵之处。

如果我们好好审视历史上那些成大功、立大业的人物，就会发现他们都有一个共同的特点：不轻易为"拒绝"所打败，不轻言退却，不达成他们的理想、目标、心愿，就绝不罢休。华特·迪斯尼为了实现建立"地球上最欢乐之地"的美梦，四处向银行融资，却被拒绝了300多次。现在，每年有上百万游客享受到前所未有的"迪斯尼欢乐"，这全都出于他一个人的信念和决心。

多方努力去尝试，凭毅力和弹性去追求所企望的目标，最终必然会得到自己所想要的。

心有多大，舞台就有多大

一个以擦皮鞋为生的青年，每天辛勤地招揽生意，卖力地擦拭每一双皮鞋，可是一天最多也只能擦40双，除去了每天的生活开销和擦鞋成本，最多每天也只能赚30元钱。他梦想要买下对面的那栋楼，可他算过，照这样擦下去，至少还要擦个几百年。青年年轻气盛，不服气，认为得想一个办法改变现状，但自己确实也没有其他本事，要转行的确有些困难。

一天，这个青年突然来了灵感，他想，要是组织600个人擦皮鞋，他负责拉客人，然后每人每天交给他5元钱，这样过不了几年就可以买那栋楼了。于是，一个擦鞋公司就这样诞生了。3年后，那个青年终于如愿以偿地买下了那幢楼。

有一个大学生，曾利用课余时间帮人做程序设计。有时候一个财务程序半个小时就能完成，赚得还不少。有一天，也是灵感一来，他想：要是成立一个开发公司，雇几百个人，那自己不就成老板了吗？20年后，比尔·盖茨的名字家喻户晓。

“心有多大，舞台就有多大。”有时候成功就在一念之间，一个突如其来的灵感，说不定就会改变人的一生。也许你会说擦鞋匠和比尔·盖茨只是大多数人中的少数，的确如此，但他们的成功也并不是偶然，他们共同的特点就是比大多数人多了一些想法，并有去实践的勇气。

一场大火几乎烧光了一个家具厂中的一切，那位家具经销商没有像大多数人一样，在极度的痛苦中将这些废料扔掉完事，而是从那些仅剩的焦木中发现了商机。灵感来源于焦木的旧纹理和特殊的质感，他拭去焦木上的尘灰，再用细砂纸打磨得光滑润泽，最后涂上一层清漆，焦木顿时变成了宝贝。那典雅、庄重的光泽以及清晰的木纹，造就了独特的“以突出纹路”为主的仿古典木质家具，从而引领一种时尚，他的生意一下子兴隆起来。

不难看出这位经销商和前两位成功人士的共同之处，他也是善于观察和思索的人。如果换一位目光短浅的人去看那堆燃而未尽的废木头，只能是唉声叹气。所以说，善于思考是使事情发生转机的一个关键因素。因此，要做一个懂得思考的人，更要做一个敢于去思考的人，这样才能发现超常规的东西。比如现在生活中必不可少的电灯、电话、电脑，哪一个在当时不被人们认为是天方夜谭呢？

所以我们要仔细观察，勤于思考，不要让机遇轻易地溜走。

思想无疑是人类最有价值的财富，也许你会丧失物质上的财富，但是思想却是谁也夺不走的。你可以掌握自己的思想，你的想法决定了你的成就。“好高骛远”和“浅尝辄止”都不是一个聪明人的行为。

心小的人装的东西也就少，鼠目寸光的人看见的世界也就小，随之他的舞台也就变得小了；只有有心胸、有气量的人才能容下世间百态。用长远的目光看世界，世界就会变大，随之，我们的舞台也就大了。

有大气魄的人，才有大成就

不管遇到怎样的困难和挫折，都能坚强地往前走，且一如既往，不言放弃，这就是一种做人的大气魄，一种难得的坚定与执着。

王永庆创业时才十几岁。他借了200元钱开了一家小米店，可当时，各处米店都有各自的固定客户，一般百姓也多去自己熟识的米店买米。王永庆的米自然难以在米市中立足，开展营业十分困难。但他并不气馁，为了打开销路，他将米中杂物、沙粒拣得干干净净，且不辞辛苦挨家挨户去推销，有时还冒雨将米送到顾客家里，他总是想尽办法满足顾客的要求，甚至比顾客考虑得还周到。他给顾客送米时总是主动地把顾客米缸中原来的米先取出来，再放新米，然后再把旧米放在新米上，以便顾客吃完旧米再吃新米。

后来王永庆又成立了一个台湾塑胶工业股份有限公司。公司创立之初，一个化工专家预言王永庆难逃破产的命运。但王永庆并不放弃，仍义无反顾地走自己认准的路，不幸的是，事态的发展似乎应验了那个预言，一个又一个难关横在他的面前，台塑公司生产出来的聚氯乙烯在市场上竟无人问津。原来，这是对台湾石化塑料工业发展估计过快所致。面对这种困境，一些股东心灰意冷，纷纷退股，台塑刚建不久就陷入死地。

这时王永庆也没有退缩，他决心迎接命运的挑战。通过调查分析，他发现产品之所以卖不出去是因为缺乏竞争力，价钱过高，并不是市场出现饱和。于是，他做出决定，卖掉了自己所有的产业，买下了台塑所有股权，独自经营。对王永庆来说，这一决定绝对是一大手笔，可谓是背水一战。他重新规划发展蓝图，决定采取两项措施进行改进，出乎意料的是，他所采取的措施不仅没有减产，反而大量增产。第一项措施是为提高竞价能力，提升产品质量，他投资70万美元更新设备，使质量提高了，售价却降低了。第二项措施是开发塑胶加工工业，兴建工厂，利用台塑的聚氯乙烯为原料加工制造各种塑胶产品。这不仅能够消化台塑的产品，而且还可以用塑胶成品赚取更多的利润。

由于采取上述两个措施，王永庆摆脱了困境，打开了市场，使企业起死回生。后来，他拥有了世界上最大的塑胶企业，并被称为“世界塑胶大王”，成为世界上最富有的人之一。

任何成功的取得都是需要积累的，有经验的积累，也有时间的积累，所以，我们不要轻言放弃，没有生活的点滴积累和打磨，就无法孕育出炫人夺目的珍珠。

参观过开罗博物馆的人，都会为那些从图坦卡蒙法老墓中挖出的宝藏叹为观止。那些大理石英钟容器、黄金珠宝饰品、战车和象牙等巧夺天工的工艺至今仍无人能及。可又有谁知道，如果不是霍华德·卡特当时决定再多挖一天，多打一锤，这些不可思议的宝藏也许今天仍埋在地下，而永无重见天日的机会。

1922年的冬天，卡特几乎放弃了可以找到法老坟墓的希望，他的赞助者也即将取消资助。卡特在自传中写道：“我们一鼓作气工作了好几个月却什么也没有发现，只有挖掘者才能体会这种彻底的绝望。我们几乎已经认定自己被打败了，正准备离开山谷到别的地方去碰碰运气。然而，要不是我那最后的一锤，我们永远也不会发现，这些超出我们梦想所及的宝藏。”

卡特最后一锤的努力成了全世界的头条新闻，这一锤使他发现了近代唯一一个完整出土的法老坟墓。

有一种失败，不是因为走的路太少，而是因为已经走了99步，却在第100步的时候放弃了，这是一种最为愚昧的放弃。若总是过早地放弃一切，就等于放弃了一生的成功。

其实，最浪费时间的一件事就是过早放弃。人们经常在做了90%的工作后，放弃了最后那10%的可以让他们成功的“最后一锤”。这不但失掉了开始的投资，更丧失了经由最后的努力而发现宝藏的惊喜。很多时候，人们会满怀希望地学习新的技艺、开始一个新的工作，然后在屡经磨难后而成果显现之前失望地放弃。通常，任何新工作，在刚开始时都会经历一番挣扎，一段时间后，最初有压力的工作才会变得轻而易举起来。

任何成功都是经过艰苦卓绝的努力，冲破失败的阴影才能获得的，所以，在完成一件艰巨的工作的时候，面对困难，一定不要轻言放弃。不放弃，才能更勇敢地面对追求过程中的磨难；不放弃，才能看见其他人忽略的美好风景；不放弃，才有希望把握住每个今天。总之，不放弃，就有希望。

拼搏，从头再来

人生苦短，何不全力拼搏一番？即使不成功，也不会为自己留下遗憾。而且在一般情况下，生活不会亏待努力拼搏、勤劳付出的人。

明朝末年，史学家谈迁经过20多年呕心沥血的写作，终于完成了明朝编年史——《国榷》。

面对这部可以流传千古的巨著，谈迁心中的喜悦可想而知。然而，这并没有让他高兴多久，就发生了一件令他意想不到的事情。

一天夜里，小偷进他家偷东西，见到家徒四壁，无物可偷，以为锁在竹箱里的《国榷》原稿是值钱的财物，就把整个箱子偷走了。从此，这些珍贵的稿子就下落不明了。

20多年的呕心沥血转眼之间化为乌有！这样的事情对任何人来说，都是致命的打击，而对年过花甲、两鬓已开始花白的谈迁来说，更是一个无情的重创。可是谈迁很快从痛苦中崛起，他下定决心再次从头撰写这部史书。

谈迁继续奋斗十年，又一部《国榷》重新诞生了。新写的《国榷》共104卷，500万字，内容比原先的那部更翔实精彩，谈迁也因此留名青史。

天有不测风云，人有旦夕祸福，在漫长的人生道路上，没有人是一帆风顺的。当厄运、灾难突然降临时，生气、着急、痛哭都无济于事。只有以平静的心态对待这一切，以坚忍的意志再造生活，才是强者之路。对年过花甲、遭受重创的谈迁来说，他别无选择，只有重新拼搏一番，才不会给自己和后人留下遗憾。

每个人都希望自己能干一番事业，轰轰烈烈地过一生，但这样的人生是极少数的。我们大都是平凡的人，在平凡中奉献，同样可划出人生精彩的弧线。

人就这么一辈子，人生苦短，我们改变不了环境，但可以改变自己——拼搏，从头再来。

选择有时比努力更重要

晚上，有一个人在房间里四处搜索着什么东西。另一个人问道："你在找什么呀？"

"我丢了一枚金币。"他回答。

"你刚才在哪活动了？"

"我一直在外面的草坪上。"

"那你应该到外面草坪上找才对啊！"

"可是，房间里的灯光比外面亮得多，更好找一些……"

我们看后肯定会觉得这个人很可笑甚至愚昧，可是，我们有时候却和他一样做着相似的事情，也常常在错误的地方寻找自己想要的东西。

就像丢了金币的那个人，无论他怎样努力，就算将整个房间拆掉，也找不到他的金币，因为金币是丢在房间外面的草坪上。

一个想要找到金矿的人，如果他到山上的矿石中去找，就有可能找到。可是，如果他到大海里下网捞，夜以继日地拼命也会一无所获。这种做法就是“南辕北辙，缘木求鱼”。

理想是人生的目的地，没有理想，人就要瞎蒙乱撞；毅力和恒心则是我们通往理想的桥梁，失去了它们，所有的理想都会成为镜花水月、空中楼阁；而选择正确的努力方向，就如同找到了捷径一样，否则只能在原地打转。

在通往理想的途中有许多条路：它们都通向哪里，哪条路平坦一些，哪条路坎坷一些，哪条路是直的，哪条路是弯的，该如何选择，就要看自己的判断和思考能力了。选择的路不一样，有时得到的结果甚至会大相径庭。

有人说，只要我们肯踏踏实实地付出努力，就没有什么做不到的事情。

比如，清华大学食堂中一个卖馒头的青年，不就是凭借着坚韧的毅力，托福考了600多分吗？

再比如，海伦·凯勒集盲、聋、哑三种残疾于一身，还不是因为坚持不懈地掌握了许多知识从而成为全球著名的作家吗？

所有这些，不都说明没有努力达不到的事情吗？

是的，这些说法确实有些道理，但事实并不总是这样。有时候，仅仅凭借一腔热血，仅仅加倍努力，反倒永远也不能达到目标。

比如说，有一个做小买卖的，每天最大的纯利润只有100元，他说：“有朝一日，我要成为全球首富，要战胜比尔·盖茨！”于是，他起早贪黑，加倍辛勤，坚韧不拔。但就算他不吃不喝，每天赚的钱全积攒下来，他距离梦想仍是遥远的。

原因在哪里呢？难道努力、坚韧的宝石失去了它的光彩了吗？

当然不是！很多人的成功，第一个就要归结于他们付出的汗水，没有坚强的毅力，他们绝对不会有今天的成功。不过，还有另外一个起决定作用的因素，那就是他们选对了自己的努力方向。

有的时候，选择比努力更重要——假如行走在错误的道路上。奔跑只会离目标更远！

有两只蚂蚁，它们面前有一堵墙，墙那边有食物。一只蚂蚁向上爬，想要翻越那堵墙，可是每次到一半的时候，总是会掉下来；而另一只蚂蚁绕着墙走，很快就找到了食物。这正说明了选择方向的重要。

脚上的泡都是自己走出来的，我们现在的选择决定了将来的命运！那么，我们现在的目标在哪里？是不是正在绕远？哪条路离我们的目标更近？

人人都渴望生活优越、事业成功、爱情甜美，而在追求幸福的过程中难免需要面对纷繁复杂的种种选择。怎样才能更好地面对这些选择呢？有关专家提醒我们应当运用四种态度来作出智慧的选择：用自觉端正态度；用学习积累经验；用勇气放弃包袱；用真心追随智慧。

年轻的我们难免会被日益繁复的事务压得抬不起头。但是，一旦静下心来，确立了奋斗目标，就要想想自己到底该走一条怎样的路。

选择，就是要客观地分析自己的优势，回避自己的短处。只有这样，我们才能快捷地接近目标，成就人生的理想。

第二章　面对择业与创业的抉择

掌握创业与就业的区别

有这样一个古老的寓言：

> 一个虔诚的信徒带着一生的坎坷来到了天堂。他向宙斯抱怨说："主宰万物的神呀！我是如此虔诚地敬奉你，为什么不幸的命运还要降临到我的头上？"宙斯说："所有的人都很不幸，可是最不幸的，是那些面对所有的机会时，偏偏挑中了不幸的人。"

人生路途中需要我们去做出各种选择，每种选择都预示着不同的结局。面对人生，不同的人有不同的选择，不同的选择决定了不同的人生道路。是做一个就业者，还是做一个创业者，这都要看我们自己的选择。

怀着宏伟的抱负，揣着跃动的青春，我们正站在人生的十字路口：要么去就业，寻求一份理想的职业；要么去创业，创造一个辉煌的未来。这是人生中最艰难也是最重要的选择。

不论什么人，他的一切精神追求，或直接、或间接，都与事业有着千丝万缕的联系。人的幸福、理想等，只有和事业融为一体，才会更长久，更有意义。

人生幸福，可以从家庭中获得，可以从爱情中体验，亦可以在休闲生活里采撷。但是，人们在职业生活中感受到的幸福，往往生命力最强，也最有意义。

因为这种幸福不仅只限于一个人或几个人，它属于全部为人生幸福辛勤劳动着的人。

职业生活是人们一切生活的基点。因此，人们对未来的理想，首先就表现为一种职业的理想，特别是对于那些尚未步入社会的青年人来说，职业理想往往是他们所有理想的核心。因为将来选择从事什么样的职业，不仅关系到他们的生活，而且将影响他们一生的事业。

因此，每个人都应该以认真积极的态度去对待职业选择。职业选择大体包括两种：一是就业，二是创业。你是适合“就业”，还是适合“创业”，就要正确认识自己，掌握创业与就业的区别，以便为今后的抉择做充足的准备。

一、创业的风光与风险

创业者，必是胸怀大志、身具大勇之人，否则他无法面对创业的艰辛，挑战创业的风险。

当然，创业可以为有志青年提供施展才华的人生，可以迅速积累惊人的财富。世界首富无一不是创业者。创业可为我们带来以下好处。

收益巨大。一般来说，创办企业是实现资本增值最有效的方式。如果有好的项目，在几年内，资本可能实现几十倍甚至几百倍的增长。虽然在一流大公司做事也许很体面，但从收入角度讲，即便是一个小企业的老板，其年收入也可能比一家大型企业的部门经理高。如果我们想获得很高的收入，最有效的方式就是创办自营企业。

随心所欲。能够按自己喜欢的方式做事。在公司做事最常见的方式是按照既定方式做，个人很难按照自己喜欢的方式来做事。而自营企业可为创业者提供一个施展个人才华与意志力的舞台。

个人自由。个人创业者，可以自由安排管理制度和工作时间，这一切都取决于我们的判断和偏好。除此之外，我们还可以选择做很多就业者无法做到的事情。

但创业也不是一帆风顺的，创业也有许多风险。

资金压力。经营一家企业要比在任何一家公司工作风险都大，创业失败不仅会使我们的努力全部付诸东流，还有可能使我们背上沉重的债务包袱，甚至倾家荡产。

精神压力。创业者唯恐失败，所以时时要谨慎，时时要去拼，处在一种长期的紧张、持续的压力和长时间连续工作的状态，承受的精神压力比一般人要大得多。这种工作模式和心理状态可能会对创业者的家庭和社会生活造成很大的影响，甚至会严重损害我们的健康。

二、就业的平稳与平庸

相对创业而言，就业也有其有利的一面。

风险小。为公司工作，只要按要求完成工作就能得到报酬，完全不必担心公司的成功与失败。这家公司不如意，可跳槽到另外一家，没有破产的风险。

无精神压力。只要按时完成工作任务，其余时间可自由支配，没有过多的精神压力。

收入固定。只要按时完成工作任务就有报酬，不必担心劳而不获。

路在脚下，关键在于自己的选择。了解了上述的利弊分析，我们还应根据自己的特点，做出最适合自己的选择。

如果我们不愿受雇于人，希望充分地独立，并且勇于创新，敢于开拓前途，敢冒风险，就适合创业。

如果我们不太喜欢冒险，喜欢生活稳定，勤勤恳恳，适合就业。

如果我们对自己认识不足，不知是该选择“创业”还是选择“就业”，那么下面几个问题则有助于我们的选择。

你习惯于在一个大组织中扮演一个角色，但你能不能在一家小店里扮演几个角色？

你有没有这种技能和耐心？

你习惯于风险越小越好，但你能参与冒险吗？创业阶段，风险是主课，你能承受吗？

紧缩开支，降低生活水平，你有心理准备吗？

你习惯于呼朋唤友，但你能孤军作战吗？有同伴的支持是多数企业家最为怀念的。

如果答案是肯定的，而且我们又有一个伟大的设想，那么就不要犹豫，投身创业中，去开创一番事业吧！若答案是否定的，就不要冒险，安安稳稳地就业对我们来说才是最好的选择。

看准时机，开拓事业做老板

有这样一句名言："第一个教大学的人肯定没有读过大学。"一个人永远也不要看轻自己的创造能力和发展潜力，只有勇于挑战自我，不断地向更高的层次迈进，才有机会自立门户，自己做老板。

但是，具备做老板的资质和能力，并不意味着我们就是成功的老板，能够看准时机、把握时机，才能脱颖而出。即使我们现在只是一名打工者，也应该时刻有自己独立开拓事业的想法，只有这样，我们才有独立创业的可能。

李嘉诚的独立创业，正是基于他对时势的准确判断。

1950年夏，22岁的李嘉诚创立了长江塑胶厂。这时，正是中华人民共和国成立之初。20世纪40年代后期，大批难民又一次涌向香港，香港人口呈回升状态，由20世纪40年代日占时期的60万左右急增至1950年的200万左右。内地人的涌入，在给香港带来大量劳动力的同时，也给香港带来了技术和大量的资金，使香港本地的市场容量扩大了许多。

香港经济发展获得了资金和人才等有利条件，加上有大量的廉价劳工，使香港经济获得了喘息以及重新振兴的机会。这一切都显示出香港经济起飞的迹象。

不过，当时的香港谣言四起，搅得人心惶惶。但是，李嘉诚看好香港的经济前景，他坚信，现在是创立自己事业的最佳时机，如果不抓住这个千载难逢的机遇，则悔之晚矣。

李嘉诚是一个“不安分”的人，他不求安逸，有着聪慧的头脑和远大的志向，他毅然辞去工作，他要自己做老板，开创属于自己的事业。李嘉诚投身塑胶行业，正是顺应了香港经济的发展趋势。

创业之初，首先面临的就是资金问题。

李嘉诚打工时间没有几年，而且他打工的薪水也不是很高。他每赚一笔钱，除了支付日常必需的部分外，其余的全部交给母亲，以维持全家人的生活，因此他并没有太多的积蓄。据他的同事朋友回忆，李嘉诚从未奢侈过一回，他外出从来都是吃大众餐，他的衣着也没有一件是高档的。

不过，李嘉诚从不认为他的积蓄是他自己省出来的，他总是对他人说:“我之所以能拿出一笔钱创业,是母亲勤俭节省的结果。我每赚一笔钱，除日常必用的那部分，全部交给母亲，是母亲精打细算才维持了全家的生活。我能够顺利创业，首先得感谢母亲，其次要感谢那些帮助过我的人。”后来，他好不容易凑够了启动资金。

李嘉诚雄心勃勃，对自己的未来抱有极大的希望，因此很想给自己的塑胶厂起一个响亮的名字。他从辞工时起，一直在思考厂名，他先后取了几十个厂名，都觉得不满意，有一天他突然想到了中华民族的骄傲——长江。于是，他就把厂名定为“长江塑胶厂”。

他对这一名称的解释是："长江不择细流，故能浩荡万里。长江之源头，仅涓涓细流，东流而去，容纳无数支流，形成汪洋之势。日后的长江塑胶厂，发展势头也会像长江一样，由小到大。长江是中国的母亲河，是中华民族的骄傲，未来的长江集团，也应该为国人而引以为豪。长江浩荡万里，具有宽阔的胸怀，一个有志于实业的人，理当扬帆万里，破浪前进，去创建宏图伟业。"

由此不难看出李嘉诚的开阔胸襟和远大抱负。

当然，李嘉诚是个实干家，他要以行动来实现他的宏愿大志，而不只是挂在嘴上。很长一段时间后，别人问他"长江"的厂名之意，他只是淡淡地说："长江的厂名响亮，我便借了过来。"

李嘉诚后来的辉煌成就可以说是以远大的理想为基础的。当然，在创业之初，他也经历了不少艰辛。资金有了，厂名有了，厂房在哪里呢？这个问题必须解决。

李嘉诚从港岛到九龙，跑了一个多月，才在港岛东北角筲箕湾租借了一座破烂不堪的厂房。

当时，数十万内地人涌到香港，使香港的房产一下子水涨船高，闹起了房荒，房租高得吓人，工业用户自然更高。李嘉诚手头的资金实在太紧张了，他只能找最廉价的厂房，暂且建起厂来再说。

筲箕湾风景秀丽，但比较偏僻，交通不便，实在不是办工厂的好地方。但就是这样的地方，也让李嘉诚费了好一番周折。

李嘉诚当然也明白办工厂应该选在交通便利的地方，但谁让自己穷得没有钱呢？正因为偏僻，所以租金较低，几经讨价还价，李嘉诚租下了这间厂房。

李嘉诚想，创业之初，到处都需要钱，就这么点钱还是尽量放在生产上，等以后收入有余时，再迁入到市区。李嘉诚这一做法，可谓量力而行，深得经商之道。

然而，这间厂房实在是破旧不堪，窗户几乎没有一扇是完好无损的，不是玻璃破碎，就是风钩脱落，房顶上到处都是天窗。香港春夏两季雨水特别多，雨水经常漏泻得遍地都是。厂里的压塑机是从旧货市场上买来的，是欧美淘汰的第一代塑胶设备，落后得不能再落后了。

就是在如此困难的条件下，李嘉诚开始了自己艰辛的创业历程，并最终创造了事业的辉煌。

当一个行业刚刚兴起时，往往意味着有很大的发展前景，也意味着需要一个艰苦的开拓过程。当一个行业非常成熟时，容易进入，但也意味着发展前景有限。在一盛一衰之间，蕴藏着无穷的风险和机遇。

审时度势，是为商者最重要的素质。机遇来了，许多人都能发现，但并不是每个人都能抓住。成功者并没有天生的把握机遇的能力，他们只不过是在平时多留心、多观察、多思考，并且多积累了一些知识与经验而已。

一个善于拯救自己的人首先要具备突破困难的想法，这样才能战胜自我，彻底改变命运。的确，在拯救自我的过程中，只要把握好机遇，克服危机的路就在脚下。

独立创业，打开财富之门

很多富商巨贾，都是从独立创业开始，辛勤奋斗，才功成名就、获得财富的。

美国石油大王洛克菲勒，步入社会后的首份职业就是在一家公司从事簿记工作。每天接触数字，使洛克菲勒很受益。

洛克菲勒在工作中认真负责，使得公司避免了许多额外的支出，所以老板很重视他。有一次公司做了一笔大理石买卖，货物运到后质量欠佳，老板很生气。此时，洛克菲勒建议老板分别向有关的三家运输公司提出赔偿要求，这样一来，公司得到了很多赔款，发了一笔“横财”。为此，老板很高兴，为洛克菲勒加了薪，他第一年就赚了300美元。

第二年，洛克菲勒的年薪涨到500美元，除了从事簿记和会计工作之外，他还要同铁路和船舶等运输公司打交道。此时，他努力培养出了自己诚实守信、维护形象的好作风。

第三年，洛克菲勒掌握了公司的基本业务，并有了独立创业的想法。有一次，他没经老板认可就自作主张地做起麦粉和火腿的买卖。之前，洛克菲勒从报纸上看到，英国的饥荒一触即发，他想靠囤积居奇来大赚一把，所以小麦、玉米、肉干、食盐等都在他的采购范围内。老板并不赞同洛克菲勒的冒险，老板认为靠这种中间生意赚钱的做法不符合公司的本意。然而事实上，由于饥荒的到来，洛克菲勒为公司创造了一笔高额利润。这次成功，给了洛克菲勒很大的自信。

后来，洛克菲勒和合伙人克拉克利用银行贷款合伙做买卖。适逢美国南北战争爆发，洛克菲勒很快赚到了巨额利润，为日后成为石油大亨奠定了坚实的基础。

倘若洛克菲勒起初只想做一个小职员，那他就不会成为日后赫赫有名的石油大王。是独立创业最终使他获得财富，走向成功。

蔡女士起初在一家国企加工衣服，下岗后她添置了缝纫机、电熨斗和锁边机，开始在家中加工服装，服务小区居民，走上了独立创业的道路。起初，她只能做一些简单的活儿，譬如改裤边、做裤子、上拉锁等。来找她干活的大多是老人，喜欢舒适宽松的衣服，所以她一个月赚不到多少钱。因为现代的年轻人都讲究穿衣打扮，追求新颖时尚，一般都喜欢到商场买品牌服装或成衣。

蔡女士后来发现，每当春天来临，丝巾总会大方地飘在时尚、漂亮的爱美女士的脖子上。这种丝巾既能抵挡风寒，又能使女性增添魅力。她到市场逛了一圈，看到市面上销售的丝巾多为名牌和进口产品，价格很高。她觉得制作小丝巾的方法很容易，就想自己加工、出售各种丝巾。

后来，蔡女士了解到小丝巾要与服装的整体包装配合，是都市女性时尚的装饰品，包括头饰、头花、披肩等，面料以丝绸为主，图案各异。

于是，她开始收集做丝巾的面料。正当秋季，市场上许多轻薄面料、花色品种开始猛甩，蔡女士到布区市场及布料专卖商场购货，选择了多种面料，顺便购买了一些布头、边角料，并根据面料大小，剪制成各式各样的方巾，方形的可做成披肩和围巾，三角形的可做成胸饰和头饰，剩下的边角料还能做头花。

有了面料，蔡女士又到书店购买了几本关于制作丝巾方面的杂志和书，上面有各种丝巾的做法示范，学习起来很方便。

蔡女士掌握了丝巾制作技术后，她制作的小丝巾要比生产厂家的产品成本低许多，价格上颇具竞争力。她在家尝试着做好一些丝巾，拿到服装店配上时装销售，销路十分好。有几家服装店的老板与蔡女士建立了友好的长期合作关系，只要有新款服装上市，就请蔡女士根据服装将丝巾搭配好。

这样，蔡女士为几家店供货，很快便获得高额利润。后来，她自己开设了一家丝巾专营店，由于她制作的丝巾漂亮大方、价格低廉、款式多样，一直热销。

独立创业是实现财富梦想的好选择。如果你有赚钱的决心、必胜的信念，那就去创业吧！相信只要付出辛勤的汗水，在创业的道路上拼搏进取，财富就一定会属于你！

选择“冷门”也是创意

在创业的过程中，我们不必随波逐流，有时候选择一些冷门的行业，也是一种创意，同样能获得成功。

在泰国有个养鳄大王叫杨海泉，他出生于一个贫苦的华侨家庭。父亲早年前往泰国谋生，给别人做佣工，母亲做挑担小贩，杨海泉在家排行第四。由于家境困难，他只断断续续上过一年小学，从10岁起就做童工，先后做过照相馆佣工、客栈的店小二、金铺的伙计，还做过小生意。

15岁那年，杨海泉在别人的帮助下，开了一家小小的杂货店，主要收购当地的土特产转卖给商人。但是没有多久，杂货店就关门了，这是他生意场上的第一次失利。他总结出一条经营之道：在激烈的竞争中必须独辟蹊径，大胆开创冷门生意，这样才能独占鳌头，立于不败之地。

可是，冷门在哪里呢？

一天，杨海泉遇到了一个以猎杀鳄鱼为生的旧相识，两人在一起谈起鳄鱼，谈出了兴趣。那人介绍道：“鳄鱼的全身都是宝，捕杀鳄鱼的人发了大财，但是现在鳄鱼已越来越难捕了，就连小鳄鱼也在捕杀之列。”

杨海泉灵机一动，立即想道：如果这样滥猎滥捕，即使是一座金山也会被挖空的，何况是动物呢？如果把鳄鱼的幼仔饲养起来，就像养羊养牛那样，长大了再杀，不就可以“无穷无尽”了吗？

然而畜养鳄鱼自古未闻，家人和亲友对此都不屑一顾，对他冷嘲热讽。

可是杨海泉毫不动摇，说干就干。他一面到鳄鱼产区去廉价收购幼鳄；一面很快就在自家的地里修筑了一个养鳄鱼的池子。杨海泉是一个十分勤劳的人，得到了那些猎鳄人的好感，小鳄鱼不值钱，很多人就白白地把小鳄鱼送给了他。

小鳄鱼不断多起来，但是杨海泉很穷，连很少的鳄鱼饲养费都拿不出来。亲戚朋友看到杨海泉的这种“反常”举动，都纷纷前来劝阻。

他的母亲更是反对，以“养虎伤人，养鳄积恶”责怪他，说他是异想天开，想钱想疯了……

但是，杨海泉就是有一股“九头牛拉不回来”的倔劲儿，一点儿也没有动摇。他认为，别人嫌弃的、不愿意干的，才有可能取得成功；别人没有走过的路，走起来才会更加宽广……

人工饲养鳄鱼是一件前无古人的事情，没有多少经验可循，没有老师可拜。事实证明，敢为人先的人就必须有胆量经受各种磨炼。

喂养鳄鱼比喂养一个初生婴儿还要困难。

刚刚开始的时候，由于缺乏饲养经验，有些小鳄鱼因此而丧命。成年鳄鱼给人的感觉是十分凶悍的，但是小鳄鱼的生命却很脆弱，对气候反应很敏感，对小小的惊吓也会发生痉挛而生病，严重的还会残废或丧命。可是这一切并没有吓住杨海泉，他经过日日夜夜认真地观察，难题终于得以解决，他成功地闯过养殖第一关。

一波未平，一波又起，更大的问题在等着杨海泉。主要有以下两个方面：一是小鳄鱼喜欢吃鱼类或水中的小动物，有时还要吃肉，杨海泉很难拿出这么多钱去买饲料；二是随着鳄鱼的不断长大，原来的鳄鱼池已经容纳不下了，杨海泉又缺乏必要的资金去扩建。

沉重的经济负担使杨海泉喘不过气来。

眼看就要坚持不下去了，杨海泉只好含泪操刀宰杀部分基本达到出售规格的鳄鱼卖掉以换取资金。就这样一面饲养一面宰杀，经过3年的时间才基本解决了经济问题，慢慢地有了一些盈余。

为了提高鳄鱼的价值，杨海泉购买了屠宰设备，钻研独有的宰杀技术。当时，泰国的鳄鱼产品都是由捕杀鳄鱼的人在捕捉的时候宰杀的，设备很简单，加工很粗糙，鳄鱼皮的质量不高。杨海泉之所以这样做，就是希望生产出世界一流的产品。

杨海泉对自己的举动是十拿九稳，颇有信心的，果然，很快他就生产出了高质量的鳄鱼皮产品。"海泉鳄鱼皮"很快就得到了消费者的青睐，售价比一般的鳄鱼皮产品高出了许多。

凭借着"海泉鳄鱼皮"的名牌优势，杨海泉很快就占领了先机，成立了一家"友商贸易行"，包揽了鳄鱼皮的生产出口业务，生意做到了国外。杨海泉善于经营，讲求信用，名声越来越大，越来越好，生意当然就更加红火，实力也更加雄厚了。

到了20世纪70年代初，杨海泉的"北榄鳄湖"已经是举世瞩目的最大规模的人工养鳄湖了，率先进入了专业化养鳄的行业。

1971年3月，在美国纽约召开了世界保护鳄鱼大会，有10个国家和地区的专家参加会议，杨海泉作为泰国的唯一代表出席了这次大会。他就像一个技术权威一样，在大会上慷慨陈词，向世界顶尖级专家讲授他的养鳄经验，还讲述了泰国近50年来养鳄的情况，引起了大家的浓厚兴趣。

他很自豪地宣布："在我的养鳄池里饲养着15000头大大小小的鳄鱼！"

1973年，国际保护鳄鱼大会在泰国曼谷举行，会场就是杨海泉的"北榄鳄湖"，这是对杨海泉事业的高度评价，是宣传杨海泉先进经验的绝好机会。

就是他这样一个穷人的孩子，几乎没有上过什么正规的学堂，现在居然走进了世界最权威鳄鱼专家的行列，创造了一个神奇的“鳄鱼王国”，成为泰国的巨富。

杨海泉的可贵之处就在于不“满足”，他知道，要保持世界唯一最大的人工养鳄湖的美誉，还必须付出更大的努力，还必须不断前进……

从杨海泉的成功中我们可以发现成功的方法：选择冷门，大胆创业，勇于坚持……

工作是生活的第一要义

工作对提升人的能力和品格，具有巨大的价值。普鲁士首相俾斯麦说：工作是生活的第一要义。工作创造了生活，创造了一切，创造了人生。

工作能够创造价值，英国著名的电影制作人蓝克先生说过：“许多人常常忘记‘为什么’会有某个工作的理由。一个制造座椅的工作，不仅只是生产座椅和获取利润，其主要任务是要制造出人人喜欢坐的椅子来。假如从事此工作的人，忘了自己工作的任务或目的，终有一天会发现——别人不但把他制造的椅子拿出去扔掉，连他想要的利润，也都不翼而飞了。”

工作本身是件极好的事，除了使国家强盛，创造价值，还有益健康，更能影响一个人的气质。因此工作在我们的生命之中，是个极高贵的成分。

即使在平凡的工作中，人们也能从中体验到快乐与满足。不工作，生命就会变得空虚，变得毫无意义，也不会有乐趣。没有人游手好闲却能感受到真正的快乐。对于刚刚跨入社会门槛的年轻人来说，美国励志大师卡耐基先生的建议只是三个词：工作，工作，工作！

卡耐基曾在一家公司担任打字员，主要的工作便是打字报告，日复一日，月复一月，好像永远也做不完。由于这做起来并不容易，而且单调无聊，因此他并不喜欢这份工作。

但是，卡耐基曾说："当我把这份工作做得近乎完美的时候，还是颇能引以为荣。因为这项工作虽然呆板，仍然需要熟练的技术，因此在达到所要求的标准之后，实在有一种满足感。虽然在整个公司的运作过程里，我所担任的工作显然十分渺小，但它对我个性的成长十分有益，使我在处理每件小事的时候，都能力求正确、完美。"

美国小说家马修斯说："勤奋工作是我们心灵的修复剂，可以让生理和心理得到补偿。可惜的是，人们常常只对受人关注的行业和要职感兴趣，而不再愿意经受艰辛劳作的磨炼。但是，它却是对付愤懑、忧郁症、情绪低落、懒散的最好武器。有谁见过一个精力旺盛、生活充实的人，会苦恼不堪、可怜巴巴呢？英勇无敌、对胜利充满渴望的士兵是不会在乎一个小伤的。出色的演说家不会因为身有小恙就口齿木讷、词不达意的。这是为什么呢？当你的精神专注于一点，心中只有自己的事业，其他不良情绪就不会侵入进来。而空虚的人，其心灵是空荡荡的，四门大开，不满、忧伤、厌倦等各种负面情绪，就会乘虚而人，侵占整个心灵，挥之不去。"

有句十分动人的隽语是这么说的："要想不再当秘书的最好办法，便是尽量把现任的秘书职务做好。"

"生活中有一条颠扑不破的真理，这就是在充分考虑到自己的能力和外部条件的前提下，进行各种尝试，找到最适合自己做的工作，然后集中精力、全力以赴地做下去。"英国哲学家约翰·密尔如是说，而且，"不管是最伟大的道德家，还是最普通的老百姓，都要遵循这一准则，无论世事如何变化，也要坚持这一信念。"

每一个年轻人都应该努力工作，它是我们维系生命的根本。对于天生性懒、从不认真工作的人，生活的大门是关闭的。我们若能体会出辛勤工作所能产生的力量，以后若遭遇危机，也会有尖利的武器可以支持我们渡过难关和危机。

一位教授说："我常常感到压抑和沮丧，但是，长年养成的工作习惯，让我从中解脱了出来，即使遭遇再大的不幸，也不会把我击垮，我觉得学术研究本身就是一种消遣，面对政治、社会、宗教方面的一些重大问题时，即使弄得筋疲力尽，无功而返，我也觉得生活很充实。每天我都催促自己工作并尽最大的努力，这能很好地培养自控能力、勤奋、意志力等各种美德。在追求安逸的人那里，是没有这些优点可言的。”

古希腊一位著名的医生加龙说：“劳动是天然的保健医生。”工作可以使人肌肉发达，身体强壮，血液循环加快，思维敏捷，判断准确；还可以唤醒沉睡已久的创造力，激发雄心，把更多的聪明才智发挥到工作中去。正是工作，才能使人觉得自己是一个人，必须从事工作，承担责任，这才能显示出人的尊严与伟大。

勤奋工作，也只有勤奋工作才能给我们带来光荣和充实，它为贫穷的人开创了新的生活，勤奋使他们为了自己的未来和理想而拼搏，战胜自我，增强自信，奋勇前行，发挥出更强的力量。

探询你的职业锚

职业锚是美国著名职业指导专家施恩教授提出的一个新概念，在个人职业生涯规划中起着十分重要的作用，因而受到了人们的广泛关注。在职业生涯发展过程中，每个人实际上都是在根据自己的天资、能力、动机、需要、态度和价值观等慢慢地形成较为明晰的与职业有关的自我概念，随着我们对自己越来越了解，必然就会越来越明显地形成一个占主要地位的职业锚。

那么，什么是职业锚呢？职业锚是指当一个人不得不作出选择的时候，无论如何都不会放弃的职业中的那种至关重要的东西或价值观，实际上就是人们选择和发展自己的职业时所围绕的核心。作为职业锚核心内容的职业自我观由三部分内容组成：①自省的才干和能力，以各种作业环境中的实际成功为基础；②自省的动机和需要，以实际情境中的自我测试和自我诊断的机会以及他人的反馈为基础；③自省的态度和价值观，以自我与雇佣组织和工作环境的准则和价值观之间的实际遭遇为基础。可见，职业锚是“自省的才干、动机和价值观的模式”，是自我意向的一个习得部分。一个人对自己的天资和能力、动机和需要以及态度和价值观有了清楚的了解之后，就会意识到自己的职业锚究竟是什么。有些人也许一直都不知道自己的职业锚是什么，直到他们不得不作出某种重大选择的时候，比如究竟是接受组织将自己晋升到总部的决定，还是辞去现职转而开办自己的企业等。正是在这一关口，一个人过去的所有工作经历、兴趣等才会集合成一个富有意义的职业锚，这个职业锚会告诉我们，对我们来说，究竟什么东西是最重要的。

职业锚产生于早期职业生涯阶段，以我们习得的工作经验为基础。个人在面临各种各样的实际工作生活情境之前，不可能真正地了解自己的能力、动机和价值观之间将如何相互作用，以及在多大程度上适应所作的职业选择。只有在我们工作了若干年，习得工作经验后，才能够选定自己稳定的长期贡献区，进而确认职业锚。在某种程度上，职业锚是由我们实际工作经验所决定，而不只是取决于个人潜在的才干和动机。

职业锚强调个人能力、动机和价值观三方面的相互作用与整合。职业锚是自我观中的才干、动机、需要、价值观和态度等相互作用和逐步整合的结果，而不是只重视其中的某一方面。在实际工作中，我们要重新审视自我，逐步明确个人的需要与价值观，明确自己的擅长所在及今后发展的重点，并且针对符合于个人需要与价值观的工作，自觉地改善、增强和发展自身的才干。经过这种整合，我们会寻找到自己长期稳定的职业定位，从而达到自我满足和补偿。

职业锚是不可能根据各种测试提前进行预测的。职业锚是个人同工作环境互动作用的产物，只有在工作实践中，依据自省的和已被证明的才干、动机、需要和价值观，经过多次确认和强化以后，才能找到自己的职业定位。

职业锚不是固定不变的。虽然职业锚是个人稳定的职业贡献区和成长区，但这不意味着职业锚是固定不变的。这是因为随着工作的进一步开展，以及个人、社会和家庭生命周期的成长、变化，我们本人会不断地变化和发展。同时，职业锚本身也可能变化，我们在职业生涯的中、后期可能会根据变化了的情况，重新选定自己的职业锚。因此，一个人的职业锚是在不断发生着变化的，它实际上是一个不断探索过程中所产生的动态结果。

职业锚作为一个人自省的才干、动机和价值观的模式，在个人的职业生涯发展过程中发挥着重要的作用。

首先，职业锚是在个人工作过程中依循着个人的需要、动机和价值观，经过不断探索所确定的长期职业贡献区或职业定位，有助于识别个人的职业理想与职业成功标准。如选定技术／功能能力型职业锚的人，其志向和抱负在于专业技术方面的事业有成，有所贡献。同时，根据职业锚还可以判断我们达到职业成功的标准。如对于抛锚于管理型的人来讲，职业成功在于升迁至更高的职位，获得更多的全面管理机会和更大的管理权力；而对于安全／稳定型职业锚的人来说，求得一个地位稳定和收入较高的工作，有着优雅的工作环境和轻松的工作节奏，便是其职业成功的标准。因此，积累自我经验，识别长期的贡献区，对自我要求发挥作用的工作情境的性质提出标准，识别抱负模式和衡量自己的成功标准，是职业锚的重要功能之一。

其次，职业锚能够促进我们预期心理契约的发展，有利于个人与组织稳固地相互接纳。由于职业锚能准确地反映个人职业需要及其所追求的职业工作环境，反映个人的价值观与抱负，这样通过职业锚的建立过程，组织可以获得我们正确的个人信息的反馈，组织才能有针对性地对我们的职业生涯发展设置合理、有效、可行、顺畅的职业通道与职业阶梯；我们则通过组织有效的职业管理，使自身的职业需要得以满足，从而深化对组织的情感认同与职业归属。这样一个职业生涯开发与管理的过程，是组织与员工之间双赢的最佳途径，可以使组织与个人双方相互沟通，深化了解，从而达到稳定而深入的相互接纳。

一、确定自己的职业锚

为了帮助我们确定自己的职业锚，可以找一张空白纸写下我们对以下几个问题的答案。

（1）你在高中时期主要对哪些领域比较感兴趣（如果有的话）？为什么会对这些领域感兴趣？你对这些领域的感受是怎样的？

（2）你在大学时期主要对哪些领域比较感兴趣？为什么会对这些领域感兴趣？你对这些领域的感受是怎样的？

（3）你毕业之后从事的第一份工作是什么？你期望从工作中得到什么？

（4）当你开始自己的职业生涯的时候，你的抱负或长期目标是什么？这种抱负或长期目标是否曾经出现过变化？如果有，是在什么时候？为什么会变化？

（5）你第一次换工作或换组织的情况是怎样的？你指望下一个工作能给你带来什么？

（6）你后来换工作、换组织或换职业的情况是怎样的？你怎么会作出变动决定？你所追求的是什么？（请根据你每一次更换工作、组织或职业的情况来回答这几个问题。）

（7）当你回首自己的职业经历时，你觉得最让自己感到愉快的是哪些时候？你认为这些时候是什么最令你感到愉快？

（8）当你回首自己的职业经历时，你觉得最让自己感到不愉快的是哪些时候？你认为这些时候是什么最令你感到不愉快？

（9）你是否曾经拒绝过从事某种工作的机会或晋升机会？为什么？

现在请仔细检查自己的所有答案，并认真阅读关于职业锚的描述。根据自己对上述这些问题的回答，分别将每一种职业锚赋予 1 ~ 5 之间的某一分数，其中“1”代表重要性最低，“5”代表重要性最高。

二、开发自己的职业锚

职业锚是个人早期职业发展过程中逐渐确立的职业定位，是自己逐步探索的结果，可以说是一个漫长的寻觅与探索的过程。但是，为了职业生涯发展的顺畅，我们还是需要早做准备，尽快明确职业锚，以便于指导我们的职业生涯发展。那么如何开发自己的职业锚呢？

1. 提高职业适应性

一般来说，职场新人经过认识、塑造、规划自我等诸多职前准备，经过一定的职业指导和职业选择而进入组织，这本身就代表了我们自身对职业有一定的适合性。这种适合性仅是初步的、主观的认识、分析、判断和体验，尚未经过职业实践的验证。我们从事职业的态度要受到诸多主客观因素的影响，例如个人的兴趣、价值观、技能、能力，客观的工作条件与福利情况，他人和组织对自己工作的认可及奖励（报酬、晋升）情况，人际关系情况以及家庭成员对本人职业工作的态度，等等。个人的职业适应性就是能尽快习惯、调适、认可这些因素，也就是我们在组织的具体职业生活中，使职业工作性质、类型和工作条件与个人需要和价值目标相融合，使自身在职业中获得最大满足。职业适应的结果能保证我们在较长一段时间内从事某种职业活动，而且能保证我们在职业活动中有较高效率，有利于个性的全面协调发展。那么如何提高职业适应性呢？

（1）目标专一。我们进入组织后，所面临的是纷繁的职业工作情景，如果没有明确的追求目标，不知道自己要干什么，朝秦暮楚，用心不专，只能无意义地耗费宝贵的时间和精力。职场新人应当选定目标，努力去适应职业。适应是需要时间和经验的，只有专注于某项职业活动，才能渐渐体味其中的甘苦，慢慢总结出游刃于其中的技巧，才能融入组织，与同事融洽相处。

（2）动态中的适应。虽然我们强调了目标专一，此谓有所定，但是，又不能期望一劳永逸，稳固不动，应对发展和变化有足够的心理准备，随着知识内容、知识结构的更新，要不断学习和掌握新知识、新技能，锻炼出一种动态的、科学的思维方式和判断能力。

（3）适应职业环境。一是适应新工作，就是端正工作态度，遵守和熟悉该工作的角色规范，如纪律、道德、技术规范等；迅速掌握工作技能，提高工作效率；积极参加职业培训，虚心求教于师傅和同事，这样有利于尽快进入新的角色。二是适应新的人际关系，避免人际关系的冷漠与不适应。

（4）能力替代或补偿。职业适应的关键因素是我们的能力结构，如果个人的能力结构与职业要求相符合，职业适应性就强；反之，则弱。个人还可以通过能力的补偿效应来增进职业适应性，不同能力之间可以相互替代或补偿，从而保持或维持职业活动的正常进行。这种补偿，不仅发生在自身具有的不同能力之间，而且还发生于气质与能力、性格与能力、个性与能力等之间的互补互替。例如，熟能生巧，是娴熟技能对创造能力的增进；勤能补拙，是素质与能力之间的补偿。

（5）培养工作兴趣，扩展知识。兴趣是职业活动的心理动力之一，也是个性倾向性的重要内容，能有效地增强我们的职业适应性。我们熟练掌握从事某项职业活动所必需的知识，并不断学习，扩展知识面，就获得了适应职业变动的条件与能力，就能够做好工作，达到职业目标。我们一旦取得工作成就，享受成功的愉悦，就会受到激励，更积极地参加职业活动，形成职业适应的良性循环。

（6）脚踏实地，安心适应单调乏味的工作。职业目标并非朝夕就能实现，通往职业目标要走很长的路。不要烦弃那些烦琐、乏味的例行事务，要懂得这是通往自己职业目标进程中的铺路石，如果能以良好的、积极的心态安于承担枯燥单调的工作，就能迅速适应富于创造性和挑战性的工作。

2. 借助组织的职业计划表，选定职业目标，树立职业角色形象

职业计划表是一张工作类别结构表，是将组织所涉及的各项工作分门别类进行排列，形成一个较系统反映企业人力资源配给状况的图表。我们应当借助职业计划表所列职业工作类别、职务升迁与变化途径，结合个人的需要与价值观，实事求是地选定职业目标。一旦瞄准目标，就要根据目标工作职能及其素质要求有目的地进行自我培养和训练，使自己具备从事该职业的充分条件，从而在组织内树立良好的职业角色形象。

职业角色形象是我们向组织及其工作群体的自我职业素质的全面展示，

是组织对个人关于职业素质的一种根本认识。职业角色形象构成主要有两大要素：一是职业道德思想素质，通过敬业精神、对本职工作热爱与否、事业心、责任心、工作态度、职业纪律、道德等来体现；二是职业工作能力素质，主要看我们所具有的智力、知识、技能是否胜任本职工作。我们应当从上述两个基本构成要素入手，很好地塑造自己的职业形象，为确定职业锚创造条件，打好基础。

3. 培养和提高自我职业决策能力

所谓自我职业决策能力，是指个人习得的用以顺利完成职业选择活动所需要的知识、技能及个性心理品质。包括：善于搜集相关的职业资料和个人资料，并对这些资料进行正确的分析与评价；制订职业决策计划与目标，独立承担和完成个人职业决策任务；在实际决策过程中，不是犹豫不决、不知所措、优柔寡断，而是有主见，能适时地、果断地作出正确决策，能有效地实施职业决策，克服计划实施过程中的种种困难。自我职业决策能力是一种重要的职业能力，决策能力大小、决策正确与否，往往影响整个职业生涯。职业生涯是自己个性的结果，尽管外部环境可以给我们一定的支持或者制约，但是职业生涯还是由自己选择的，是自己走出来的。在个人的职业生涯发展过程中，特别是在职业发展转折关头，例如首次择业、选定职业锚、重新择业等，具有较强职业决策能力是十分重要的，可以避免职业选择的盲目与被动。

三、职业选择模式

茫茫人海，芸芸众生，每个人都在扮演着不同的社会角色，有成功，也有失败。对于职场新人来说，我们和职业之间实质上是一个互动的选择过程。职业是我们实现人生价值、谋求个人发展的平台，而职业的选择作为人生事业发展的起点，选择正确与否，直接关系到人生事业的成功与失败。“男怕选错行，女怕嫁错郎”，很形象地道出了职业选择对人生的重要性，也成为人们挂在口头的职业选择警句。正如大哲学家罗素所言：“选择职业是人生大事，因为职业决定了一个人的未来……选择职业，就是选择将来的自己。”

职业选择是依照职业期望和兴趣，凭借自身能力挑选职业，使自身能力素质与职业需求特征相符合的过程。对此需要明确：①我们是职业选择主体，是择业行为的主导方面，各种职业是被选择的客体。现实中很多人是被动地选择职业，如“父母说了这个工作不错”，“老师、朋友推荐我来的”，这样的说法实质上反映了他们对于职业的模糊认识，忽视了自我主观能动性的发挥。②职业选择受我们自身条件和职业要求的限制，不能任意进行。一方面，我们不可能具有从事一切职业的能力与兴趣；另一方面，各项职业有各自的劳动对象、手段、条件和作业环境，对人的能力也有相应的特定要求。也就是说，尽管很多职业待遇不错，发展前景也不错，但是你的客观条件限制了你或者外部环境局限了你，你还需要权衡考虑，不要盲目选择。③职业选择是我们与职业岗位互相选择、相互适应的过程。是我们作为主体主动择业的过程，同时又是职业选择我们的过程。这一过程在职业生涯中可能会不止一次地发生，这样就有了职业调整与流动，跳槽与被炒鱿鱼也就不难理解了。

在选好自己的职业，迈好人生事业发展的第一步，作出适合自己的职业选择时，首先要作好自我分析和内外环境的分析，只有知己知彼，才能作出正确选择。但是我们的职业选择受制于很多因素，有来自于我们自身的，也有来自于外部世界的。外部的限制因素也许无法控制，但是自身的一些因素是可以加以纠正与克服的，这样，我们就有必要知道不同的性格、兴趣、能力、气质是如何产生影响的，我们又如何去适应。

（一）性格与职业的吻合

大千世界，人各有异，或热情外向，或羞怯内向，或沉着冷静，或火暴急躁，反映在生活中就是各种各样的处世态度与方法。性格是个性中具有核心意义的成分，几乎涉及人的心理过程及个性特征的各个方面。职业心理学的研究表明，不同的职业有不同的性格要求，这是客观的岗位要求，如对文员的要求是心思缜密、有条不紊；对医生则要求具备耐心细致、热情待人的职业性格特征。当然，在现实生活中，每个人的性格差别很大，不可能百分之百地适合某项职业的要求，但可以根据自己的职业方向来培养、发展相应的职业性格，使自己与职业要求尽量适应。我们不可想象一个脾气暴躁的人，如果来做医生这样需要耐心的工作，结果会如何？很可能会是工作失误不断，个人发展受到限制，这样自己也会为这种不妥当的职业选择付出代价。对于职场新人来说，选择职业时，应尽量根据自己的性格，选择适合个人性格特点的职业和工作，避免出现不相匹配的问题；同时，由于职业本身对从业者有着特定性格的要求，用人单位在甄选人员时也很重视对应聘者作有关性格特征的测试，判断其是否具备承担该工作的条件。近年来，一些用人单位在选人时出现一种新观念，他们认为，性格比能力更显得重要。如果一个人能力不足，可通过培训提高，一年不行，两年，两年不行，三年，总可以开发出来。但一个人的性格不好，要改变起来，可就困难多了。所以很多组织在招聘新人时都将性格测试放在招聘工作之首，当性格与职业相吻合时，才对其能力进行测试考查。这样看来，性格与职业是否匹配是组织和个人都关注的问题，我们需要认真对待。虽然现在社会上出现了一些就业困难的问题，很多人选择“骑马找马”的方式，有些委屈个人性格，但是为了长远发展，我们对于自己还是要有个明确的认识，妥善处理好这种矛盾关系。

一些教育学和心理学研究人员根据我国的实际情况，将职业性格分为九种基本类型，可作为选择职业的参考。

1. 变化型

变化型的特点是在新的和意外的活动或工作情境中感到愉快，喜欢有变化的和多样化的工作，善于转移注意力。适合从事的职业有：记者、推销员、演员等。

2. 重复型

重复型的特点是适合连续从事同样的工作，按固定的计划或进度办事，喜欢重复的、有规律的、有标准的工种。适合从事的职业有：纺织工、机床工、印刷工、电影放映员等。

3. 服从型

服从型的特点是愿意配合别人或按别人指示办事，而不愿意自己独立作出决策，担负责任。适合从事的职业有：办公室职员、秘书、翻译等。

4. 独立型

独立型的特点是喜欢计划自己的活动和指导别人的活动或对未来的事情作出决定，在独立负责的工作情境中感到愉快。适合从事的职业有：管理人员、律师、警察等。

5. 协作型

协作型的特点是在与人协同工作时感到愉快，善于引导别人，并想得到同事们的喜欢。适合从事的职业有：社会工作者、咨询人员等。

6. 劝服型

劝服型的特点是通过谈话或写作等方式使别人同意自己的观点，对别人的反应有较强的判断力，并善于影响别人的态度和观点。适合从事的职业有：辅导员、行政人员、宣传工作者、作家等。

7. 机智型

机智型的特点是在紧张和危险的情况下能自我控制，沉着应付，发生意外和差错时不慌不乱地出色完成任务。适合从事的职业有：驾驶员、飞行员、消防员、救生员等。

8. 自我表现型

自我表现型的特点是喜欢表现自己的爱好和个性，根据自我情感作出选择，通过自己的工作来表现自己的思想。适合从事的职业有：演员、诗人、音乐家、画家等。

9. 严谨型

严谨型的特点是注重工作过程中各个环节、细节的精确性，愿意按规划和步骤将工作尽可能做得完美，倾向于严格、努力地工作以看到自己出色完成工作的效果。适合从事的职业有：会计、出纳员、统计员、校对员、图书档案管理员、打字员等。

有人按照传统观念将性格划分为内向型和外向型两种。一般来说，外向型性格的人更适合与外界广泛接触的职业，如：管理人员、律师、政治家、推销员、记者、教师等。内向型性格的人比较适合从事有计划的、稳定的、不需要与人过多交往的职业，如：科学家、技术人员、会计师、打字员、统计员、资料管理人员、一般办公室职员等。

值得注意的是，绝大部分职业都同时与几种性格类型特点相近，而一个人也可能同时具有几种职业性格类型的特点。因而，上面提到的性格与职业的吻合只是一种概括，不可能适用于每一个人。每个人应根据个人的性格与对职业的要求，具体情况具体处理，不能一概而论。

（二）兴趣与职业的吻合

兴趣是人们力求认识、掌握某种事物，并经常参与该种活动的心理倾向，或者说兴趣是人们积极探究某种事物的认识倾向。例如，你对某种职业感兴趣，就会对这种职业表现出肯定的态度，并积极思考、探索和追求。兴趣是个人职业发展的第一动力。这一点很多人都认同，而且很多成功者之所以成功，往往是兴趣使然，工作是自己最大的爱好。对于职场新人来说，可能对于任何职业都比较向往，但是否是自己真正喜欢的，这是一个大问题。很多职场新人在工作一段时间后，往往会找职业顾问诉苦，“我的工作很没劲，生活缺乏激情”，“我找不着发展的方向”，等等。原因何在？看看外部世界，我们会注意到，不同的人有不同的兴趣，有的人对科学研究感兴趣，甘于坐冷板凳，吃得十年苦；有的人乐于人际交往，愿意结交各方朋友，甚至不惜本钱；有的人则倾向于算计，在商贸领域如鱼得水，自由驰骋。试想经商的人去坐研究学问这样的冷板凳，他会如何？做学问的去搞人际关系，结果又怎样？可能就会出现前面提到的不适应，违背了个人兴趣爱好，个人又如何会从工作中发现乐趣呢？也就是说，不同的兴趣会倾向于选择不同的职业，不同的职业也需要不同的兴趣特征，正是这种兴趣上的差异，构成了我们选择职业的差异化心理与行为。

兴趣的产生和发展一般要经历这样一个过程：有趣—乐趣—志趣。有趣是兴趣发展过程的第一个阶段，也是兴趣发展的低级阶段，它往往短暂易逝，非常不稳定。处于这一阶段的兴趣常常与对某一事物的新奇感相联系，随着这种新奇感的消失，兴趣也会自然地逝去。乐趣是兴趣发展过程的第二个阶段，它是在有趣定向发展的基础上形成的，是兴趣发展的中级阶段。在这一阶段中，兴趣变得专一、深入起来，如喜爱文学的人很可能会成天沉溺于网络文学作品中。志趣是兴趣发展过程的第三个阶段，当乐趣同社会责任感、理想、奋斗目标结合起来时，乐趣便变成了志趣。志趣具有社会性、自觉性和方向性，是取得成就的根本动力，是成功的重要保证。实际上，兴趣在我们的职业生活中发挥着极大的作用。作为一种强大的精神力量，它可以使人集中精力去获得知识，并创造性地开展工作。诺贝尔物理奖获得者丁肇中说过："兴趣比天才重要。"当一个人对某一工作感兴趣时，即便是枯燥的工作他也会觉得丰富多彩、趣味无穷。兴趣使工作不再是一种负担，而是一种享受。中外著名的科学家、艺术家之所以能对人类作出贡献，莫不是由于他们的创造兴趣和他们对事业的责任感相结合而凝成的一股强大力量，推动他们不懈地努力而获得成功。兴趣也可以调动身心的全部精力，以敏锐的观察力、高度集中的注意力、深刻的思维能力和丰富的想象力投入工作，从而有助于工作效率的提高。据研究，如果一个人对工作有兴趣，就能发挥他全部才能的80%~90%，并且长时间保持高效率工作而不感到疲倦；而对工作没有兴趣的人，只能发挥其全部才能的20%~30%，且容易筋疲力尽。多方面的兴趣还可以使人善于应付多变的环境，如需变换工作，只要自己感兴趣，就有钻劲，也能很快熟悉、适应新的工作。

下面简要介绍加拿大职业分类词典中的职业兴趣类型与职业的吻合情况。

1. 愿与事物打交道

这类人喜欢同事物打交道，而不喜欢与人打交道。相应的职业如制图、勘测、工程技术、建筑、机器制造、出纳、会计等。

2. 愿与人接触

这类人喜欢与人交往，对销售、采访、传递信息一类的活动感兴趣。相应的职业如记者、推销员、服务员、教师、行政管理人员、外交联络等。

3. 愿干有规律的工作

这类人喜欢常规的、有规则的活动，习惯于在预先安排好的程序下工作。相应的职业如邮件分类、图书管理、档案管理、办公室工作、打字、统计等。

4. 喜欢从事社会福利和助人工作

这类人乐意帮助人，试图改善他人的状况，帮助他人排忧解难。相应的职业如律师、咨询人员、科技推广人员、医生、护士等。

5. 愿做领导和组织工作

这类人喜欢掌管一些事情，希望受到尊敬和获得声望，他们在单位中起着重要作用。相应的职业是各级各类组织领导管理者，如行政人员、管理干部等。

6. 喜欢研究人的行为

这类人对人的行为举止和心理状态感兴趣，喜欢谈论人的问题。相应的职业大都是研究人、管理人的工作，如心理学、政治学、人事管理、思想政治教育等研究工作及教育、行为管理工作等。

7. 喜欢从事科学技术事业

这类人对分析、推理、测试的活动感兴趣，长于理论分析，喜欢独立地解决问题，也喜欢通过实验作出新发现。相应的职业如生物、化学、工程学、物理学、地质学等工作。

8. 喜欢抽象的和创造性的工作

这类人对需要想象力和创造力的工作感兴趣，大都喜欢独立地工作，对自己的学识和才能颇为自信，乐于解决抽象的问题，且急于了解周围的世界。相应的职业大都是科学研究工作和实验室工作，如社会调查、经济分析、各类科学研究工作、化验、新产品开发等。

9. 喜欢操作机器的技术工作

这类人对运用一定技术、操作各种机械、制造新产品或完成其他任务感兴趣。他们喜欢使用工具，特别是喜欢大型的、功能强的先进的机器，喜欢具体的东西。相应的职业如飞行员、驾驶员、机械制造、建筑、石油、煤炭开采等。

10. 喜欢具体的工作

这类人希望能很快看到自己的劳动成果，愿从事制作能看得见、摸得着的产品的工作，并从完成的产品中得到满足。相应的职业如室内装饰、园林、美容、理发、手工制作、机械维修、厨师等。

根据这种分类，一种兴趣类型可以对应许多种职业，同时绝大多数的职业也都与几种兴趣类型的特点相近，而每一个人往往又都同时具有其中几种类型的特点。如要成为一名护士,那我们就应有愿与人接触（类型2）、喜欢研究人的行为（类型6）、愿做具体工作（类型10）这三方面的兴趣类型；如果我们对其中的某一方面缺乏兴趣，那就应努力培养和发展这方面的兴趣以适应职业的要求，否则，还是选择更适合自己兴趣类型的职业为好。

（三）能力与职业的吻合

能力作为个性的一个重要组成部分，是我们立身于这个职业社会的最为重要的条件，毕竟能做什么直接决定着我们的职业选择。在前面自我认识部分关于职业能力的分析已经说明，能力作为我们展示于人的部分，是完成任务的前提条件，也是影响工作效果的基本因素，应该成为我们必须彻底清楚认识、充分重视的部分。能力可以分为一般能力和特殊能力。一般能力通常又称为智力，包括注意力、观察力、记忆力、思维能力和想象力等。特殊能力是指从事某项专业活动的能力,也可称为特长,如计算能力、音乐能力、动作协调能力、语言表达能力、空间判断能力等。能力在职业选择中占有着极为重要的地位，从各种招聘广告中我们可以看到各种对于能力的限制，实际上对任何一种职业来说，都必须要求从业者具备相应的能力。

1. 能力与职业吻合的原则

每个人的能力有大有小,有的人能力一般,有的人能力较强。能力不同，职业选择就有差异，一般来说应遵循以下几个原则。

（1）能力类型与职业相吻合。人的能力类型是有差异的，即人本身就存在差异。职业也可以根据工作的性质、内容和环境而划分为不同的类型，并且对人的能力也有不同的要求。比如，从思维能力来看，有的人擅长于形象思维，有的人擅长于逻辑思维（抽象思维），还有的人擅长于具体行动思维。因而如果根据思维类型来考虑职业的话，属于形象思维型的人比较适合从事文学艺术方面的工作，抽象思维型的人比较适合从事哲学、数学等理论性较强的工作，而具体行动思维型的人则比较适合从事机械性方面的工作。如果不考虑人的能力类型，而让其从事与之不同甚至相斥的职业，结果可能不会很好。

（2）能力水平要与职业层次相一致。对一种职业来说，由于所承担的责任不同，又可分为不同层次，不同的层次对人的能力有不同的要求。因而，在根据能力类型确定了职业类型后，还应根据自己所达到或可能达到的能力水平确定相吻合的职业层次。只有这样，才能使能力与职业的吻合具体化。

（3）发挥优势能力的作用。每个人都具有一个多种能力组成的能力系统，各方面能力的发展是不平衡的，常常是某方面的能力占优势，另一些方面的能力则不太突出。在选择职业时，应主要考虑个人优势能力，来选择最能发挥优势能力的职业。

2. 一般能力与职业的吻合

某些职业对从业者的智力水平有绝对的要求，智力在相当程度上决定了所要从事的职业类型。比如，西方心理学中一般规定智商超过 140 以上者为天才，追踪研究表明，被确定为“天才”的人，在将来大多从事科学、文化方面的职业并取得了相当大的成就。对一般职业而言，智力的制约作用虽不那么明显，但不同的职业对人的智力皆有一定的要求，这一点是很明显的。某些职业需要从业者具有较高的智商，如律师、工程师、科研人员、大学教师等。智力测验结果表明，他们的智商（130左右）比平均值（100）高出许多，一般管理人员和行政人员的智商也比平均水平高出一点（110左右）。智商低于平均值以下者，只能从事一些简单工作。当然，智力并不是职业选择的唯一因素，因为每种职业除了对智力的一般要求外，皆有其特殊的能力要求。

3. 特殊能力与职业的吻合

（1）语言表达能力。语言表达能力是指对词语及其含义的理解和使用能力，对词语、句子、段落、篇章的理解能力，以及善于清楚而正确地表达自己的观点和向别人介绍信息的能力。简单来说，它包括语言文字的理解能力和口头表达能力。不同的职业对人的语言能力要求不同，例如教师、营业员、服务员、护士等职业必须具备较强的语言表达能力。

（2）算术能力。算术能力是指迅速而准确的运算能力。大部分职业都要求工作者有一定的算术能力，但不同的职业对人的算术能力的要求程度不同。例如，对于会计、出纳、统计、建筑师、工业药剂师等职业来说，工作者必须具有较强的计算能力；对于演员、话务员、招待员、厨师、理发员、导游等职业来说，对算术能力要求较低。

（3）空间判断能力。空间判断能力是指能看懂几何图形、识别物体在空间运动中的联系、解决几何问题的能力。如果一个人爱好平面几何及立体几何并且学得较好，这个人的空间判断能力就比较强。如与图纸、工程、建筑等打交道的工作，以及牙科医生、内外科医生等职业，对空间判断能力要求很高。

（4）形态知觉能力。形态知觉能力是指对物体或图像的有关细节的知觉能力，如能对图形的阴暗、线的宽度和长度作出视觉的区别和比较。对于生物学家、建筑师、测量员、制图员、农业技术员、医生、药剂师、画家、无线电修理工来说，需要较强的形态知觉能力；而对于历史学家、政治学家、社会服务人员、招待员、售货员、办公室职员来说，形态知觉能力就不那么重要了。

（5）事务能力。事务能力是指对文字或表格式材料细节的知觉能力，发现错字或正确校对数字的能力等。如设计、记账、出纳、办公室等工作，都必须具备一定的事务能力。

（6）动作协调能力。动作协调能力是指迅速、准确和协调地作出精确的动作和运动反应能力。对于驾驶员、飞行员、外科医生、运动员、舞蹈家来说，这种能力显得尤为重要。

（7）手指灵活度。手指灵活度是指手指迅速、准确、和谐的操作能力。如纺织工、打字员、裁缝、外科医生、五官医生、护士、雕刻家、画家等，手指必须较一般人灵活。

（四）气质与职业的吻合

一般来说，气质对人们所从事的职业并不具有决定性作用，其作用主要表现在对工作效率的影响上，某些气质特征对职业既可能有促进作用，也可能有消极作用。因而，在把性格、兴趣、能力作为职业决策的主要标准时，也要考虑人的某些气质特点并加以顺应，以进一步提高职业适应性。

我们在日常生活中如果细心观察，就会发现每个人都具有不一样的气质，而不同的气质适合从事不同类型的工作。特定气质的人从事与之相适应的某些职业时，就会特别有效率；反之，若从事了与气质不相称的工作，效率则会不高。

发源于西方的普通心理学把人类的气质类型划分为胆汁质、多血质、黏液质、抑郁质四大类（在这四大类下又可分许多小类）。

（1）胆汁质。胆汁质型又称不可遏止型。这种气质类型的特点是兴奋而热烈，精力充沛，能经得住强刺激；行为果断，有魄力；善于主动与人交往，乐群性高；直率急躁，情绪难以控制；思维、语言、动作反应快，但不灵活，不准确。性情粗犷，宽宏大量。《三国演义》中的猛张飞、《水浒》

中的李逵、《红楼梦》中的尤三姐、史湘云、晴雯都是这种气质类型的代表。

优点：有毅力，坚强，勇敢。

缺点：暴躁，易着急。

胆汁质的人，适合从事与人打交道，工作内容和环境充满变化和挑战性的工作，如导游、推销员、节目主持人等，而不太适合要求长期安坐、持久、耐心、细致的工作。

（2）多血质。多血质型又称活泼型。这种气质类型的特点是：活泼好动；善于交往，容易适应新环境；容易接受新事物，兴趣易转移；情绪发生快，但体验不深刻。思维敏捷，随机应变，热情奔放。《三国演义》中的关羽是这种类型的代表。

优点：乐观，开朗，灵活，善交际，热情。

缺点：不稳定，缺乏持久性，易动摇。

多血质的人，适合与外界打交道，从事灵活多变、富有刺激性和挑战性的工作，如外交、管理、记者、律师等，而不太适合做细致、单调的机械性工作。

（3）黏液质。黏液质型又称安静型。这种气质类型的特点是：安静稳重，交往适度；善于忍耐，能克制自己；注意力稳定，不易转移；情绪慢而微弱，不易外露；思维、动作反应慢而且不灵活。这种人城府极深，老谋深算多阴险，令人难以防范。如《三国演义》中的刘备、司马懿，《红楼梦》中的王夫人、花袭人。

优点：稳重，安静，可靠。

缺点：固执，刚愎自用。

黏液质的人，适合做稳定的、按部就班的、静态的工作，如会计、文员、出纳等，而不太适合需要经常策划创造的工作。

（4）抑郁质。抑郁质型又称脆弱型。这种气质类型的特点是：羞涩好静但孤立；情绪发生慢，不外露，体验特别深，即使是微不足道的小事也容易引起情绪波动；动作反应慢但准确；注意自己的内心世界，有内秀。

如《红楼梦》中的林黛玉，动辄对花流泪、对月伤情，多愁善感，封闭孤立。

优点：敏感，细心。

缺点：自卑，脆弱。

抑郁质的人，适合安静、细致的工作，如编辑、化验员、仓库管理员等，而不适合热闹的场合。

只有正确认识自己，才能对自己的职业生涯进行科学规划。

“尺有所短，寸有所长”，每个人都有自己的优点和长处，也都有自己的缺点和短处。每个毕业生都要对自己有客观和正确的认识，明白自己能干什么和不能干什么。

某高校中文系的小吴说：“我原来就知道努力读书，考试考个高分，现在就要毕业了，我们中文系是万金油专业，好像去哪个单位都可以，但我真不知道该干什么！”

像小吴这样对前途茫然、不知所措的毕业生还不在少数。因此毕业生首先要了解自己，认真地发掘一下自己的真正兴趣和特长，清楚自己最希望从事哪些工作，然后在求职时才会更有目的性，而不至于像无头苍蝇一样乱跑乱撞。

订立适当的目标，就是根据自身的实际情况，选择一个和本人的实力相当或接近的职业目标，这不但有利于增强自己的信心，而且可以让自己在求职中处于优势地位。因此，研究目标、扬长避短是成功求职的钥匙。

自我约束能够助你成长

小唐毕业快半年了。他现在开始有些后悔，后悔当初进了公司，要是去考研，继续过那种“九三学社”（上午睡到9点，下午睡到3点）的生活，现在该多滋润。不说别的，就是现在早上9点要按时上班这一条就让他受不了。过去上学时，想睡到什么时候就睡到什么时候，可现在，6点就得起床，一个闹钟不行，有时得开两个。“上班不能迟到！”像道紧箍咒一样套在他头上。

刚刚进入职场的新人，经常喜欢将学校的生活和工作的环境作对比，特别是在还不适应职场生活的时候更是如此。学校里的生活无忧无虑，当然让人留恋，除了学习和考试，剩下的时间都是自己的。上课之余，还可以选择自己喜欢的时间和地点去学习，更多的时候，可以去图书馆畅游书海，也可以坐在幽静的小树林里阅读小说，或者和同伴好友相约去打球健身。

做学生最大的幸福是拥有自由的时间表，而且每年还有两个诱人的长假。不少留恋校园生活的人都选择了当老师这一职业，重要原因之一就是自由。与他们相比，写字楼里朝九晚五的作息时间就让人感到难熬。尤其让职场新人难受的是，经常要加班，连朝九晚五都保证不了，朝九晚七，朝九晚十，甚至朝九晚十二都成了家常便饭。

但是，学生的身份只是暂时的，每个人都要走上工作岗位，谁也没有资格阻止自己长大。也有人意识到自己的生理年龄在增长，但心理年龄却没有增长，而且也没有能力去改变什么。

想要成长，就必须放弃因不习惯而对过去的留恋。过去的你只是你生命中的一部分，你的生命还在更新，在成长，因此，不能让过去那种“自由”成为一种惯性，影响你整个生命的运行。你必须让自己在职场中真正长大。

既要对公司负责，又要对自己负责，这是一个职场中人必须用肩膀挑起来的一副重担。的确，责任的本身就是一种约束和勉强。如果你永远不愿被别人约束，不愿被别人勉强，那你就是逃避责任。逃避责任的人，在职场上是不会有什么前途的。因此，作为职场中人，如果你想实现自己的人生价值，就一定要学会约束自己，并承担责任，直到化为自觉的行动。

刚开始约束自己的时候，肯定会有些不习惯，甚至有些痛苦。比如，不能睡懒觉了，每天要准时上班，就必须改变睡懒觉的习惯。让一个睡惯了懒觉的人按时起床，的确是一种痛苦。面对这种痛苦怎么办？如果继续睡懒觉，你可以避免因改变习惯而带来的痛苦，但它会给你带来新的痛苦——每天上班迟到，最后被炒鱿鱼。如果你不肯约束自己，那么，换来的只是你被别人约束。

“自由”与“约束”从来就是一对孪生兄弟，你不可能只要自由而不要约束。其实，如果你换一种角度来看“约束”，你的职业生涯会更加辉煌。虽然一开始自我约束可能会带来痛苦，但久而久之它会让你受到同事的尊重和上司的看重。一旦你养成了自我约束的习惯，你在职场就会游刃有余，甚至逢凶化吉。与享受成功后的幸福相比，刚开始由自我约束所带来的痛苦就微不足道了！

别让“才华”误了前途

身处职场，有的人才能平平而工作做得如火如荼，有的人才华横溢而工作平平。

也正因为如此，日本著名的松下公司的用人理念是只用具有 70%能力的人，而不用业界最优秀的人。因为这些人做事更认真，而且友善、谦虚，对上司和同事更具亲和力。现代社会更强调团队合作精神，一个人锋芒毕露并不是一件好事。因而，越来越多满腹才华的人将才华束之高阁。

职场中确实有这种现象，很多才华横溢的人往往不是事业的成功者，而不少能力一般的人却在事业上如鱼得水，这“不由你不信，不服也得服”的现实，确实令那些不太得志的“鸿鹄”们英雄气短。

在职场上，才华横溢只是成功的诸多要素之一，而你投身的事业肯定不是孤立于社会而存在的，你的才华首先要融于一个团队之中，与其他人的才华形成 1+1>2 的合力效应，企业才能真正取得成功，从而彰显个人的成就。而在这个“融和”的过程中，人和人之间的差异相当明显。

很多自以为有才华的人往往缺少与周围环境的良好亲和力，情商的缺陷往往使他们与团队像油与水一样难以相融。与此相对应的是，一些才智平平的人却由于懂得如何与人相处，懂得把握机遇，能把有限的才智用在最该用的地方，所以他们的成功也就不难理解了。其次，有些自以为才华横溢的人有时并不清楚目前所处的环境是不是真的适合自己，还有没有可能以自己的主观努力变换一个新的环境，使之更适合自己。他们聊起自己的专业来神采飞扬，可涉及一些直接关乎自己前程的、专业之外的“琐事”，却又往往是除了叹息就是无奈。

有的人还喜欢空谈，不屑于做眼前具体的事情，而恰恰是这种好说不愿做的共性，使他们所谓的才华也只能成为供人观瞻的镜中之花，于已、于所服务的企业毫无用处。

这种所谓的“才华”永远不等于能力，才华只有体现在实践调控与创新上才有价值。要让才华变成实实在在的能力，指望“躲进小楼成一统”是不可想象的。相信只要职场上那些不太得志的精英们能够少说一分、多做一分，真正的成功就不会太遥远。

没有人喜欢“牢骚王”

如今，“怀才不遇”好像成了年轻人的一种通病，他们普遍的症状是：牢骚满腹，喜欢批评他人，还时常摆出一副抑郁不得志的样子。和这种人交谈，运气不好的时候，还会遭到他们一顿批评。当然，这类人的确有满腹才华，由于无法适应客观环境，于是虎落平阳、龙困浅滩。但为了生活，他们不得不屈就自己，所以他们生活得十分痛苦，慢慢就养成了只知动口不动手的坏习惯。

现实中有才的人都是如此吗？不。尽管有时会出现千里马无缘遇伯乐的现象，但如果你真是一匹千里马，一次两次错失伯乐，不等于以后总与伯乐无缘。很多人之所以出现一种不好的结局，主要是因为自己造成的。有些人确实有才，但他们常自视清高，看不起那些能力和学历比自己低的人，处处吹嘘自己，又眼高手低，锋芒毕露，自然难成大器，最终把自己变成“怀才不遇”之人。

还有一种“怀才不遇”者，其实就是一类自我膨胀的庸才。因为他们本身无能，却没有认识到自己没用，反倒认为自己怀才不遇，无人识才，于是到处发牢骚，吐苦水。

所以，“怀才不遇”之人，终会把自己孤立在一个小圈子里，甚至无法与其他人的圈子相交，人人视之为“怪物”，敬而远之！一个人如果给众人的印象已成定局，将很难改善这一印象，结果有的被辞退，有的外调，有的则一辈子“怀才不遇”。

一个人不管才干如何，都有可能会碰上无法施展自己才干的工作环境，这时候千万要记住：即使你觉得自己“怀才不遇”，也不能明显地表现出来，你越是沉不住气，别人就越看轻你。

你要做的是应该客观地评估一下自己的能力。如果你怕自己评估不客观，可以找朋友或较熟的同事帮助你一起分析，如果别人的评估比你自我评估的结果要低，那你就要虚心接受。因为，有些情况下，旁人可能对我们了解得更加准确深刻。

此外，还应该检查一下自己的能力为何无法施展——是一时得不到合适的机会，是大环境的限制，还是人为的阻碍？如果是机会的原因，那就要继续等待或创造机会。如果是大环境的缘故，那就要尽快适应或者干脆离开这一环境。如果是人为因素，你可与人诚恳沟通，并想办法解决这些障碍。

有时候，怀才不遇者是因为用错了专长。他们确实有才，但用得不对，或者不是时候。如果你有第二专长，可以要求他人给个机会试试，说不定又为你开辟一条生路。

你应该努力去营造一种更加和谐的人际关系，不要成为别人躲避的对象，反而应该以你的才干协助其他同事。要记住，帮助别人时不要居功，否则会吓跑你的同事。此外，谦虚客气、广结善缘，都会给你带来意想不到的帮助。

也许你在某一方面有才，但可能由于才气不够，别人没能看出来。这种情况下，你就应该强化自己在这方面的能力，当时机成熟时，你自然会闪烁出耀眼的光芒，别人当然会另眼相待。

不管怎样，不要让自己成为一位怀才不遇者，这样会增加你的心理负担，勤恳地做好自己的事，即使是大材小用，那也比没用要好，比不去做要好。慢慢地从小事做起，先将小事做好，脚踏实地，你终有一天能得到大用！

从节约时间做起

每个人一天的时间都只有24小时，为什么有的人能创造那么多的价值，而有的人却不能呢？

"记住，时间就是金钱。假如说，一个每天能挣11个先令的人，有一天他玩了半天，或躺在沙发上消磨了半天，他以为他在娱乐上仅仅花了6个先令而已！但他没有想到的是，他还失掉了他本可以挣得的5个先令。"

本杰明·富兰克林的这段话通俗而又直接地阐述了这样一个道理：这个人因为浪费了半天的时间，相对于其他同事来说，他这一天创造的价值就比平时少了一半，他的工作效率也就比别人低了一半。时间是工作的本钱，为了提高工作效率，就更要懂得节约时间。

虽然每个人的时间都是一定的，但是否能合理地利用，将决定你的努力是成功还是失败。同样，对于不断追求成功的你，若想在一个企业有所发展，就必须很好地利用你的时间。

事实表明，在职场上，成功与失败的界限有时仅在于怎样分配时间，怎样安排时间，可见时间之珍贵。

歌德说过："我们都拥有足够的时间，只是要好好善加利用。一个人如果不能有效利用有限的时间，就会被时间俘虏，成为时间的弱者。一旦在时间上成为弱者，他将永远是一个弱者。因为放弃时间的人，同样也会被时间放弃。”

时间的特点是，既不能逆转，也不能贮存，是一种不能再生的特殊资源。因此成功学大师拿破仑·希尔认为：“一切节约归根到底都是时间的节约。”

美国麻省理工学院对3000名员工作了调查研究，发现凡是优秀的员工都能做到精于安排时间，使时间的浪费减少到最低限度。《有效的管理者》一书的作者杜拉克说：“认识时间，是每个人只要肯做就能做到的，这是一个人走向成功的有效的自由之路。”

根据有关专家的研究和许多领导者的实践经验，驾驭时间、提高效率的方法可以概括为下列5个方面。

一、要善于集中时间

切忌平均分配时间。要把自己有限的时间集中在处理最重要的事上，不可每样工作都抓，要有勇气并能够机智地拒绝不必要的事、次要的事。一件事情来了，你首先要问：“这件事情值不值得做？”你必须学会“剪掉”不适合自己干的事情。

有经验的花匠总会把许多快要绽开的花蕾剪去，这是为什么呢？因为只有剪去其中的大部分花蕾后，才可以使所有的养分都集中在剩余的少数花蕾上。等到这少数的花蕾绽开时，我们才可以看到罕见、珍贵、硕大无比的奇葩。

作为员工也一样，与其把精力消耗在许多毫无意义的事情上，不如选一件适合自己的重要事情，集中所有精力，埋头苦干，全力以赴，肯定可以取得杰出的成绩。

二、要善于把握关键时间

时机往往是事情转折的关键时刻。抓住时机可以牵一发而动全局，以较小的代价获得较大的效果，促使你的努力转化为实际效益，从而推动你的事业向前发展。错过了时机，往往会使到手的成果付诸东流，造成“一着不慎，满盘皆输”的严重后果。所以，成功人士都必须善于审时度势，捕捉时机，把握“关键”，恰到“火候”，从而赢得胜利。

三、要善于处理两类时间

所谓两类时间，一类是属于自己控制的时间，称作“自由时间”；另一类是属于对他人他事的反应时间，不由自己支配，称作“应对时间”。

两类时间都客观存在，都是必要的。没有“自由时间”，就完全处于被动、应付状态，这在高度分工合作的职场是一大忌。但要完全控制自己的时间在客观上也是不可能的。没有“应对时间”，只想“自由时间”，实际上也就侵犯了别人的时间。因为你的完全自由必然会造成他人的不自由。

四、要善于利用零散的时间

时间不可能全部集中，往往出现很多零散时间。要珍惜并充分利用大大小小的零散时间，用来从事零碎的工作，从而最大限度地提高工作效率。

五、要善于运用聚会或会议时间

这些时间是你与同事们沟通信息、讨论问题、安排工作、协调意见、作出决定的最好时间。会议时间运用得好，可以提高工作效率，节约你和大家的时间；运用得不好，反而会降低工作效率，浪费大家的时间。

人的生命是有限时间的积累。以人的一生来计划，假如以 80 岁来算，大约是 70 万个小时，其中能够用比较充沛的精力进行工作的时间只有 40 年，大约 15000 个工作日，35 万个小时，除去睡眠休息时间，大概还剩下 12 万个小时。而生命的有效价值就是靠这 12 万个有限的小时发挥作用。因此提高这段时间的工作效率就等于延长寿命。

第三章　面对贫富的抉择

正确看待贫穷

一个人一生中不会总是生活在幸福和富有之中。对于大多数人而言，正确地看待财富和幸福，并能够在不断的努力中逐渐实现自己的财富梦，获得自己想要的幸福，才能获得快乐。

贫穷并不可怕，可怕的是向贫穷让步。暂时比较贫困的人，一定要抛弃自卑的心理，树立乐观向上的人生观念，用聪明才智来体现自身价值。贫穷能锻炼人的意志，当我们能够正确看待贫穷时，命运就会因此而改变。

英雄自古出寒家，纨绔子弟少伟男。对于出身贫困的人，最重要的不是急于改变现状，而是先端正人生坐标，调整好心态。古今中外不少成功人士，都出身贫寒，但贫寒并没有阻挡他们成功的道路，反而锻炼了他们的意志，给予了他们走向财富和幸福最重要的品质。这些优秀的品质弥补了他们在物质上的贫乏，成为他们迈向成功的巨大精神财富，使他们深刻地体会到成功的不易，从而更加知道如何让自己的所得更长久。所以，从贫困中走出来的人其品质更容易被人信任，他们获得的财富和幸福也因为有了这种品质的依托而快速地增长。

贫穷本身没有错误，它可以成为一种激励人奋发向上的动力，使人在逆境中保持奋发向上的精神状态，把暂时的艰辛转化为奋斗的动力，让贫穷成为人生另一种财富和珍贵的记忆。

成功者迈出的每一步都是艰辛的。这一方面是由于社会物质条件的贫乏造成的，另一方面则是极度的精神压力给予的。事实已经证明，最初的物质贫困所造就的人常常是最后能够得到幸福和财富的人。

我国每年考入重点大学的学生中，有很多都家境贫困，甚至有不少人是在一种让人难以想象的贫困和苦难的环境中长大的。他们根本没有好的学习条件，每天要做繁重的家务，条件恶劣，他们什么也没有，但有一样珍贵的东西是属于他们的，那就是在贫穷和苦难中磨炼出来的人格和力量。这种人格和力量，使得他们做到了坚强，贫困成为激励他们艰苦奋斗的动力。

我们要从心态上改变对贫困的看法，正确看待自己的处境，努力消除自卑感，增强自信、自强、自立意识，培养自己吃苦耐劳的品质和社会生存能力，消除贫困造成的消极影响，努力实现人生目标。

美国前副总统亨利·威尔逊小的时候，家境非常贫困。他曾经回忆说："我出生在贫困的家庭里。当我还在摇篮里牙牙学语时，贫穷就露出狰狞的面目。我深深体会到，当我向母亲要一片面包而她手中什么都没有时是什么滋味。我承认我家确实很穷，但我不甘心。我要改变这种情况，我不会像父母那样生活，这个念头无时无刻不纠缠着我。可以说，我一生所有的成就都要归结于我不甘贫穷的心。10 岁那年我离家，当了 11 年的学徒工，每年可以接受一个月的学校教育，11 年的艰辛工作之后，我得到了 1 头牛和 6 只绵羊作为报酬。我把它们换成几美元。从出生到 21 岁那年为止，我从来没有在娱乐上花过一美元，每个美分都是经过精心计算的。在我 21 岁生日之后的第一个月，我带着一队人马进入了人迹罕至的大森林，去采伐大圆木。每天，我都是在天际的第一抹曙光出现之前起床，然后就一直辛勤地工作到天黑后星星探出头。在一个个夜以继日的辛劳努力之后，我获得了 6 美元作为报酬，当时在我看来这可真是一个大数目啊！"

就是在这样的贫困环境中，21 岁之前的他已经设法读了一千本好书，这对一个穷人家的孩子来说是多么艰难的事情啊！后来，他在马萨诸塞州的议会上发表了反奴隶制的演说，引起了人们的广泛关注，从那时起他逐渐走上了政治道路，最后终于如愿以偿，当上了副总统。

不要再为窘迫的生活而苦恼，要学会将其转化成推动我们前进的助力，只有这样，我们才能取得成功，获得属于自己的幸福。

贫穷不是碌碌无为的托词

我们一般都会羡慕别人能够致富，而总是为自己找着各种借口，没有去致富的行动。

我们小时候读到的那只吃不到葡萄说葡萄酸的狐狸，一直被大家嘲笑，但是现实中很多人又何尝不是这样？找借口很容易，大家都喜欢找借口。

很多没有成功的人在谈起他们自己的时候总爱找各种各样的借口，还觉得顺理成章，觉得那就是自己失败的真正原因。

“如果不是形势不好，我怎么会没有上学的机会，我怎么会这么平凡？”

“如果我生来就有运动员一样强健的体魄，早就不是这么待在家里过这样的生活了，说不定我现在就是刘翔第二。”

“如果我像那些年轻人一样年轻，我就不去给别人打工，我就创业，可是现在我老了。”

“如果不是对方运气好，我运气差一点的话，总经理的位置能不是我的？”

香港亿万富翁李嘉诚的最高学历只是初中，而且还有一年没读完；富兰克林·罗斯福患小儿麻痹症，下肢瘫痪，但他却连任四届美国总统；“蚊帐大王”杨百万，66岁才开始摆小摊做生意；日本一代经营之神松下幸之助一开始也是个小员工……但是，他们从来没有为自己找类似的借口，不管是失败还是成功。

就这样，很多穷人总是能为自己的贫穷找出各式各样的理由，而不愿去改变这种现状。而成为富人的人，并不是因为他们天生就是富人，而是他们不甘于贫穷，于是他们不断地尝试，尝试过程中尽管不断地遭遇失败，但他们并没有因此停下脚步，而是继续竭尽全力地寻找着致富的办法。

很多人都知道比萨好吃，但关于比萨的故事却鲜为人知。

有个叫卡纳利的美国年轻人家里开着一家杂货店，但是一直不怎么赚钱，一家人过得极为清贫。于是，年轻的卡纳利就劝他的父母，既然经营这么多年也没有赚到钱，就是这样的经营方式不对，干脆不要做了，想想别的办法。

他察看了他家附近的环境，发现周围有几所大学，学生都喜欢出来吃快餐。他想到在他家周围还没有人开比萨屋，卖比萨这种快餐肯定能行，于是他就在自家的杂货店开了一间比萨屋。装修得精致而温馨的比萨小屋，十分符合大学生高雅又讲究情调的特点。不到一年的时间，卡纳利的比萨屋就成为那一带的名店，每天食客爆满。之后，他又开了两家分店，生意都很好。

开了这几家店后，他的目标远大起来，他想做得更大。于是他在俄克拉荷马州开了分店，没多久，坏消息就传来，他的两家分店都严重亏损。他感到特别奇怪，于是开始调查，最后才发现，这里大学生的口味和他家乡的完全不一样，而且大家也不喜欢他的装修风格。他马上改正，生意很快兴隆起来。

后来他眼光转向纽约，他吸取了以前的教训，市场调查作得特别详细，但是还是没有销路。经过好久之后他才发现，他的比萨饼太硬，纽约人不喜欢，他立即研究新配方，改变硬度。最后，他的比萨饼成为纽约人早餐的必备食品。

要改变贫穷，就不要害怕失败，要怀着一种积极的心态，不断地在失败中寻找症结所在。成功的关键就是你要学会在行动中尝试—改变—学习—再尝试……直至成功。

在奋斗的过程中，每个人都可能遇到挫折，别灰心，更不要为自己找各种借口，而是把失败当成是成功前的考验，更加努力前行。

一天，俄国的著名作家克雷洛夫正在大街上走着，突然被一个农民拦住，农民叫他买些自己的果子，但是果子有点儿酸。那是农民第一次种苹果。

这个憨厚、诚实的农民最终把克雷洛夫给打动了，于是克雷洛夫买了几个果子，然后告诉他说："小伙子，别灰心。只要努力，以后种的果子就会慢慢地甜起来了，因为我种的第一个果子也是酸的。"

果农听了之后还以为自己碰到了一个"同行"，于是想向他讨教一下经验。

克雷洛夫笑着解释道，他不是果农，而是一个作家，他的第一个果子就是他写的第一个剧本，名叫《用咖啡渣占卜的女人》，可是这个剧本直到现在也没有一个剧院愿意上演，那就是一个没有成功的果实。但是他没有因此而放弃写作，而是选择面对失败，坚持走了下去。

财富的创造也是这样。要想获得成功，必须首先学会面对失败，在失败之后坚持不懈，成功之门最后总有一天会为我们打开。

致富并非偶然而成

穷人和富人一同进了天堂，遇到上帝时，穷人抱怨上帝太不公平，为什么不管自己如何虔诚地祈祷，也从不曾将好运降临到自己身上，却总是将它送给富人。

上帝笑了笑，给了穷人和富人一人一个苹果，让他们5年后再来找他，到时自见分晓。穷人拿着苹果高兴地走了，觉得自己这次胜券在握，因为富人对于如何种苹果根本一窍不通，而自己生前就熟知此道。

富人拿着苹果没有轻举妄动，他考虑了一阵后，将苹果榨出汁兑上糖水做成苹果汁，然后把苹果渣和上面粉做成苹果馅饼，再把它们卖给过路的人解渴充饥。有了第一笔收入，他便再买入更多的原材料……如此，雪球越滚越大，5年后富人已经是集团公司的总裁，其名下拥有一家饮料公司、一家食品厂、一家餐厅连锁企业和几个果园。至于穷人，辛劳多年，终于拥有了自己的果园，在不知情的状况下，成了富人的诸多原料供给人之一。

富人与穷人一对比，确实是一个天上一个地下，但是他们的起点却是相同的。

发财的机会，对穷人和富人往往都一样。财富的背后，是不懈的努力。这些道理，穷人也知道，却从未仔细咀嚼。

财富是大胆决策和用心经营后的必然结果，而决非误打误撞。他们大胆果断的“冒险”背后，是深谋远虑的筹划与安排。

1959年，金庸35岁，抵港已11年了。他对自己这段时间的作为做了一个总结：北上投效外交部失败；婚姻失败；唯写作武侠小说成功。

把这几件事综合起来看，写武侠小说应该是自己走的路。但是，在金庸看来，写武侠小说毕竟只是“副业”，在别人看来也许是成功的，但自己始终难抒己愿。而最让他难受的是，作为主业的编辑行业却因《大公报》的工作作风而使自己难以尽情施展抱负。那么，下一步该怎么走?

在别人看来，金庸坚持以写武侠小说作为自己的事业也是很不错的，但金庸选择了一条充满风险的行业：办报。

在香港有这样一句俗语：假如和人有仇，最好劝他办报，意指办报的风险极高。但金庸已经决定自立门户，说干就干！1959年5月20日，日后声名斐然的《明报》正式创刊了。

选择一项全新的、从未有过经验的行业自然有许多难处，对金庸来说也不例外。《明报》创刊之始即苦苦支撑，困难时甚至只剩下包括金庸在内的两位报人。许多人都断言：《明报》不出半年即倒闭。但出人意料的是，《明报》不但支撑了下去，而且销量渐有上升，一步步打开了局面。

武侠小说作家站出来办报，旁观者也许会为金庸的胆量喝彩，如果以武侠世界的观点来讲，他是一位敢作敢当的勇者。其实在金庸自己看来，这背后未必没有谋略的支撑。应该说，金庸对办报是有所准备的。这次重新选择事业，金庸吸取了北上求职失败的教训，事先估计了各种可能的情形。十来年的经历一方面为他增加了不少经验；另一方面也使他有了一定的积蓄，用来做启动资金是不愁的。为刺激报纸销量，以前给《大公报》等写的国际政治述评可以转在《明报》上发表，而给《新晚报》等的武侠小说连载更是抢手。另外，针对香港市民的爱好，《明报》专门开辟了娱乐版面，相信可以吸引一大批读者。即使是办报失败了，自己仍可以从事翻译和武侠小说的写作以维持生活，自然，这是最坏的打算。

人生是一场长途的跋涉，只要看清方向，带好必需的装备，我们自然可以冒险选择距离成功的最短路径。

侥幸和不劳而获的心态，不但使人发不了财，还会让他们失去已经拥有的东西。有的人仅仅停留在对暴富的期望上，却不会考虑到这是执着、积累和机遇共同发生作用的结果。

很多处于同样起点的人，几年后的发展结局却有着天壤之别。执着，是造成这种差距的一个非常重要的因素。

有两个小男孩儿，经常看到电视上播放大律师的传奇故事，便都立志将来当一个鼎鼎大名的好律师。两人共同努力，双双考入某著名大学法律系。

求学途中，两人分别被一个富商千金和一个贵族后裔追求。

甲觉得和富商千金结合，有助于自己更快地出人头地，便一边上学，一边和她交往。

乙则坚持理想，不愿受到干扰，拒绝了贵族后裔的追求，一心向学。

毕业时，乙因成绩优异，被一家著名的律师事务所相中。甲因谈恋爱耽误了功课而勉强毕业，不过他并不介意，因为他已经和富家千金订婚，将来会顺理成章地接管她的家族产业。

头10年，乙因为坚持初衷，不愿意向黑暗势力低头，在法律界吃尽了苦头，只能接到一些没有油水的穷人的案子。

甲则夫靠妻荣，平步青云。他经常怀着复杂的心态邀请乙到家里来玩，炫耀自己的明智和财富，同时出于旧时的友谊，他多次建议甲放弃律师的职业，到自己的公司做高管，工作轻松，薪水又高，还会有很多美女相伴。

乙拒绝了他的好意，终日奔波在贫民窟，为自己的客户讨公道。

第二个10年里，甲的妻子另有新欢，将他一脚踢出家门。

一无所有的甲，只好来找乙帮自己对簿公堂，要求分配财产。这场豪门官司，引起了众多媒体的注意，成为当时的热门话题。

乙凭借自己的智慧和多年积累的经验，帮甲赢得了官司的同时，也为自己赢得了良好的声誉，从此声名鹊起，实现了自己多年前的梦想。

在向目标进军的过程中，要抵挡各种诱惑，克服重重困难，坚定信念毫不动摇。如果发生了和既定目标相悖的思路和行为，要立刻修正，这是通往成功的最佳方法之一。乙的一夜成名，正是他执着追求理想的结果。他所有的付出，在很多时候都没有得到回报，但他没有像常人一样放弃，执着最终成就了他的梦想。

当然，在执着的同时，还要依靠长期的经验和财富的积累，并在适当的时候抓住机遇。

汤姆和亨特同时在一座狩猎场打猎。第一天，汤姆就打到了好几种不同的动物，而亨特却一无所获。

亨特怎么也想不明白，就向汤姆请教打猎的秘诀。

汤姆说："当你决定好要打猎时，就要做好一切准备工作，这样你才能准确地得到你想要的猎物。"

汤姆说的准备工作，包括研究各种动物的生活特性，确定它们可能出现的位置，请教其他猎人的成功经验，并准备相应的枪和子弹以及不同的辅助工具，当然，还包括猎狗和猎鹰。

事前的研究、请教以及猎狗和猎鹰的表现会帮助你判断猎物何时何地会出现，从而减少无用功，让你在正确的地点，把握正确的开火时机；好的装备，则可以增加你的射击准确性，减少猎物溜走的机会。

打猎的前期准备工作，其实就是求财路上的积累。只有经验的积累达到一定的程度，人们才能确定出现的机会是否真正适合自己；也只有财富的积累达到一定的程度，人们才可以抓住真正的机会，通过持续的努力，获得更大的财富。

不要为了金钱出卖自己

作为一个人，我们不能为了金钱出卖自己的灵魂。因为，不义之财即使拿在手里，也不会带来安心和舒适，定会受到良心上的谴责，更逃不掉正义的考问。

艾菲尔是一家企业的业务部副经理，刚刚上任不久。他年轻能干，毕业短短两年能够有这样的业绩也算是表现不俗了。然而半年之后，他却悄悄离开了公司，没有人知道他为什么离开。

艾菲尔在离开公司之后，找到了他原来公司关系不错的同事埃文斯。在酒吧里，艾菲尔喝得烂醉，他对埃文斯说："知道我为什么离开吗？我非常喜欢这份工作，但是我犯了一个错误，我为了获得一点儿小利，失去了作为公司职员最重要的东西。虽然总经理没有追究我的责任，也没有公开我的事情，算是对我的宽容，但我真的很后悔，你千万别犯我这样的低级错误，不值得啊。"

埃文斯尽管听得不甚明白，但是他知道这一定和钱有关。后来，埃文斯知道了，艾菲尔在担任业务部副经理时，曾经收过一笔款子，业务部经理说可以不下账："没事儿，大家都这么干，你还年轻，以后多学着点儿。"艾菲尔虽然觉得这么做不妥，但是他也没拒绝，半推半就地拿下了这笔钱。当然，业务部经理拿到的更多。没多久，业务部经理就辞职了。后来，总经理发现了这件事，艾菲尔不能在公司待下去了。

埃文斯想到看着艾菲尔落寞的神情，知道艾菲尔一定很后悔，但是有些东西失去了是很难弥补回来的。

像艾菲尔这样的人，为了金钱，出卖了做人应有的忠诚、信誉和良知，还能奢望公司再相信他吗？

其实，面对财富没有人是迟钝的，但是，做人应该有做人的原则，不要为了金钱出卖自己的灵魂，唯有通过正当途径得到的金钱才会给你带来真正的快乐。

正确理解财富

这是美国实业家洛克菲勒写给他的儿子小约翰·洛克菲勒的信，从这封信里面，我们可以看出一个亿万富翁是如何看待财富的。

亲爱的小约翰：

我很想与你谈谈关于金钱的一点看法。我认识许多人，他们对待金钱的态度有很大的差别。我曾经和那些街头流浪汉一起喝最便宜的酒，他们把仅有的钞票揉成一团塞在裤子口袋里；我也曾和那些证券经纪人聊天到深夜，他们操纵着大量的财富，却从来不去碰一便士现金或硬币；我也见过有些有钱人不肯轻易拿出一枚铜板，因为害怕这会让自己变穷；我也见过慷慨的富人，犯罪的穷人，见过妓女也见过圣徒。

所有这些人都有一个共同点：他们处理金钱的方法是他们对金钱的认识结果，而不在于他们拥有金钱的数量。从最基本的层次上讲，金钱是一个冷酷无情的事实——你要么有钱，要么没钱。不过从感情和心理的角度上讲，它绝对是虚幻的。你可以把它塑造成自己想要的样子。如果你是个守财奴，你将不会快乐，因为贪财的人不能承受损失。金钱总是来来去去，这是它作为交换物基本的特性。守财奴却无法容忍钱财的流失；而那些慷慨的人，即使当他们贫穷时，内心也是富裕的，因为他们看到了钱财散去有益的一面。他们的慷慨常常会点燃与他人心灵的火花，钱财的流失成了一种使大家都能从中受益的共同礼物。

那些大方的人愿意看到钱财从他们手中流出，因此也容易理解关于金钱的另外准则：有时为了前进，你必须损失钱财。那些拒绝做任何赔本生意的人，总被他们渴望获胜的心理压得喘不过气来。这样也许他们付出的代价太过昂贵，也许他们购买后，这个世界又发生了变化。不论如何，拒绝在任何交易中有所损失的人们，常常会陷入故步自封的陷阱而不能自拔。

我并不计较你是否能对金钱保持明确态度。我只想告诉你：金钱是流动的，虚无的，生不带来，死不带去。如果你坚持认为钱财只能增多不能减少，你就是在和诸如呼吸、来去这些自然规律唱反调。经过你手中的钱财可能还会回来，也可能流向他人，可不论怎样，生活还得继续，还有更值得我们注意和关心的事情在前头。

从洛克菲勒的信中，我们可以得到一些感悟：财富可以是我们能力的证明，却不应该成为我们做一切事情的最终目的，因此对于它的来去，我们不能太看重。

财富不是一个人成功的标志

在人类文明的历史上，有那么一些画家、诗人、音乐家和作家，他们虽然一生贫困，但他们伟大的作品却是人类艺术宝库中一笔巨大的财富。

曹雪芹生前一贫如洗，死后连办后事的钱都没有，全靠朋友帮助才得以入土为安，但他留给世人的《红楼梦》，却是中国文学史乃至世界文学史上的不朽之作。

荷兰画家凡·高，生前贫困潦倒、精神崩溃，曾一度沦落到在街头流浪的地步，可他留下的绘画作品如今已经是无价之宝。

荷兰画家伦勃朗，是影响世界绘画发展的最重要的大师之一。他是个多才多艺的画家，他画肖像、人物群像、风景，他还画极为精美的腐朽法铜版画。他的画冷色、暖色穿插辉映，如同宝石一般熠熠生辉。可当伦勃朗去世后，除几件旧衣服和画具外，没有留下任何财产。

意大利近代著名画家和雕刻家莫迪利亚尼，以其优雅、细致的肖像画和大量的裸体画闻名于世，但终其一世他都必须应付贫穷的生活和长期侵蚀其健康的疾病。

这些贫穷却伟大的艺术家难道不拥有成功的人生吗？他们虽然生活在贫困之中，却对人类作出了卓越的贡献。他们全神贯注于自己的事业，挖掘内在的创造源泉，以获得丰富精彩的人生。

富有的人们也许认为他们占有的宽敞的住房、豪华的车子和大量的银行存款，是高品位生活必不可少的；而艺术家往往对这些不以为然，他们甚至认为虚假浮华的东西会耗费他们大量的精力，所以他们抛开那些虚伪的习俗，摆脱那些繁文缛节和奢侈享乐，以激发自己创作的灵感。

美国著名作家爱琳·詹姆丝说："我们的生活已经变得太复杂了。在我们这个世界的历史进程中，从来没有像我们今天这个时代拥有如此多的东西的现象。这些年来，我们一直被诱导着，使得我们误认为我们能够拥有所有这一切的东西，我们已经使得自己尝试新产品都感到厌倦。这些东西让我沉溺其中并心烦意乱，已经使得我失去了创造力。"于是这位作家毅然采取了一系列大胆的行动来简化自己的生活，如注销了一些信用卡，以减少每个月收到的账单函件。

贫穷是富人眼中可怕的恶魔，可在艺术家眼中贫穷是他们创作的源泉，是激发灵感的火花。你可以嘲笑一个皇帝的富有，但你不能嘲笑一个诗人的贫穷。

凡·高的许多绘画都是描写社会中下阶层的小人物，描写他们的艰苦生活，他们衣食的匮乏与工作的辛劳，他们的愁与病和绝望中的祷告。凡·高笔下的人物之所以惟妙惟肖，就是因为他和画中的人物有着同样的命运。

伦勃朗早年的生活还是比较富足的，但40岁以后他的生活陷于债务之中，经济每况愈下造成的窘困开始影响其画风的发展。伦勃朗不再画那些平庸的肖像画和一些神秘玄想式的神话题材，他开始越来越多地选择那些有着深刻人性的题材，他在宗教题材中注入了父爱、怜悯与饶恕的主题。贫困的生活改变了他的视线，他把下层普通的穷苦民众画入了他的作品之中。在伦勃朗的《圣家族》中，圣母已成为一个普通的贫苦人家的农妇，而其家庭的确也是一个简陋而温馨的农民家庭了。

秘鲁有位诗人名叫塞萨尔·巴列霍，他有句话说得好："靠写作解决了生计的伟大作家是少见的，超群者的头上永远戴着荆棘冠……我命中注定要做一个高贵的穷人。"在拉丁美洲有许多为穷人而写作的作家，索飒女士的那本《丰饶的苦难——拉丁美洲笔记》就曾经描写过那群可爱的作家。走向底层，写尽苦难，这样创造出的作品才能有分量和影响力。

翻看《杜甫诗集》，读着那些感时伤世之作，不禁会让人心头酸楚。那些为穷人写下的诗篇，句句感人，篇篇动情，在杜甫所处的时代中，有如此的悲天悯人情怀的不是很多；自愿地成为受难者的一员，为无权无势的人而歌，那艺术的分量就更重了。《三吏》、《三别》与华贵的宫廷艺术相比，显得悲怆、简陋，但那里流动着穷人的声音。一个来自底层社会的人，大约才读得出那伟大魂魄的深沉。杜甫的伟大，也许就在这里。

大量的事实可以证明，财富绝不是一个人成功的标志。在当今社会，有不少人把个人财富的多寡，也就是贫富，看作是成功与否的标准，这不能不说是一种悲哀。

商人、企业家的成就无疑体现在他们创造的财富上，这是不成问题的。

如果政治家也把追求财富视为最大的人生追求，那么政治的腐败就将不可避免。

如果教育家也追求最大的经济效益的话，“传道、授业、解惑”的教育事业将不会有什么希望。

如果艺术家也去孜孜不倦地追逐金钱，那么艺术如何辉煌？历史上恐怕就不会产生像曹雪芹、凡·高、伦勃朗、莫迪利亚尼那样贫穷却伟大的艺术家了。

贫穷、苦难之于艺术家，未必是一件坏事情，有时甚至可能是艺术的福音。

不要为金钱工作

不要让钱成为自己的主宰，也不要让钱控制自己的灵魂与情感，而是要成为钱的主宰。

从小父母亲总是教育我们：“要好好念书，将来找份稳定的工作。”但绝大多数进入社会努力打拼的上班族，终其一生仍无法逃脱为钱工作的枷锁，无法得到真正的“财务自由”，很重要的一个原因是：他们陷入了一个思维定式，人是为了金钱才工作的，如果不是为了赚钱，就可以不工作了。

这个逻辑正确吗？

钱是永远都赚不完的，也是永远都赚不够的。所以，如果为了金钱而工作，那么你这一辈子就会永远背负这个重担，成为钱的奴隶了。罗伯特·清崎在《富爸爸，穷爸爸》一书中反复强调的“财务自由”实际上包含了很重要的一个方面，那就是不要为了金钱而工作，钱是用来为你的幸福生活服务的，是为你的理想服务的。

比尔·盖茨就曾经说过：“赚钱对于我来说已经没有太大的意义了，而我拼命工作的目的只不过是为了专心打造我的微软帝国。这是我的理想。”对于这些成功人士来说，钱已经成了一种数字的符号。每秒钟钱都会不由自主地流向他们的账户。所以，对于他们来说，他们的工作只是为了其他一些他们认为更加值得追求的东西，所以他们觉得工作是一种乐趣。

实际上，他们这些富翁也都经历过同样的思维阶段。最初的时候，比尔·盖茨也是抱着赚大钱的目的才拼命工作，废寝忘食的。而今他们抛弃了这种思维，我们为什么不和他们一样在思想上有一个成长呢？而且我相信,比尔·盖茨之所以能够成就今天,应该和这种思维的转换是密不可分的，否则他就永远只是一个小企业主了。

实际上，当我们摆脱了为金钱而工作的思维定式，整个人的思想就会活跃起来，整个人的人生目标就会明朗起来，我们就会更加客观地来看待自己的处境，分析自己的背景、能力、关系网，就会更好地利用自己现有的东西谋求更好的出路，就会想到投资这一利器，从而逐步达到财务自由的境界。否则的话，我们就会陷入思维的误区，越缠越紧，甚至不会有多余的思想来考虑自己的未来和下一步的打算，这些令我们疲惫不堪的工作已经占满了我们的整个脑细胞，我们就不会再有多余的精力来考虑，机会即使来到我们身边也会悄悄溜走。

让金钱为你服务

凡是发现了以金钱为获利工具且善加利用的聪明主人，金钱将殷勤地为他工作，而且获利的速度远比薪水要高出好几倍。

财富就像一棵树，起初也是一粒小小的种子，然后逐渐茁壮成长。我们所拥有的第一个铜板就是种子，它将来也会长成财富这棵大树。我们越早播下种子，就会越早看见这棵树长大。我们越是勤恳地去培育、浇灌，就能在树荫下更早地乘凉。

当我们没有钱的时候，我们不仅要节约储蓄用来保证生活，更要让我们积累下的金钱为自己服务，通过它来生钱。鼓鼓的钱包当然令人得意，但是这样下去，除了成就吝啬鬼和守财奴之外，它几乎不会做其他什么好事。我们从收入里把一部分钱省下来，这只不过是走向成功的第一步而已。财富的基础，建立在用这些钱去赚钱上。我们所储蓄的每一块钱，都将是能为我们赚钱的奴隶。如果我们想成为富有的人，要想办法让所存的钱生钱。

一个人是不是富有，并不看他钱包里有多少个铜板。财富意味着逐渐增加的收入、源源不断的财源和始终饱满的钱包。

起初，我们能投资的范围可能很小，而且受到很多的限制，但是我们一定要坚持不懈，俗话说：车有车路，马有马路。我们的每个阶段都有不同的生钱方式，只要我们能够抓得住，不放松，那么羊肠小径也能走向胜利。当我们的财富不断增长，投资规模就会不断扩大，我们的投资思路就会越来越开阔，金钱更是会滚滚而来。这就叫“做大做强”。

本杰明·富兰克林《给一个年轻商人的忠告》中讨论到“借用他人资金”的问题：“记住：金钱有生产和再生产的性质。金钱可以生产金钱，而它的产物又能生产更多的金钱。”富兰克林又说：“记住：每年6镑，就每天来说不过是一个微小的数额。就这个微小的数额说来，每天都可以在不知不觉的遭遇中被浪费掉，一个有信用的人，可以自行担保，把它不断地积累到100镑，并真正当作100镑使用。”富兰克林的这个忠告在今天具有同样的价值。我们可以按照他的忠告，从几分钱开始，不断地累积财富。

所以，我们都要懂得一点，让金钱做我们的奴隶，而且要让所有赚来的钱都为我们服务。

照着这个思路、这个方式走下去，终有一天我们就会成为富有的人，到了这个时候，除了不断地让金钱仆人为我们赚钱、自己享受财务自由之外，我们还要懂得支配金钱，利用金钱来达成我们的目的，而不是做吝啬的守财奴。

许多人终日为钱奔波，即使到了有钱的那一天，也从未真正地享受过金钱给他带来的乐趣。那么，终其一生赚钱又是为了什么呢？金钱既然是一种工具，用之有道就必然会提升我们人生的乐趣和品位，无形中会获得更多更好的东西。

更何况，我们既要在现实中挣扎辛劳，又要寻求内心的温暖，既要适应严酷的商业世界，又要面对许多无法用金钱来衡量的心灵需要。现代人的生活越来越纷繁复杂，我们到底要怎样才能得到宁静和幸福？也许我们向往陶渊明，但并不需要归隐山林，只是在勤学苦练掌握了基本功之后，应该给自己跳脱金钱、开阔心胸的机会，多想一想让金钱为我们服务而不是我们为金钱服务的道理，心也会更坦然一些。

第四章　面对爱情的抉择

把友情和爱情区分清楚

在现实生活中，男女交往，由于不懂得对方的心理而纠缠不休，或失之于冒失或失之于优柔寡断的现象的确不少。

一、友情和爱情的区别

在分不清友情和爱情的时候，一个人往往坐卧不宁、寝食难安。因此，分清两者的区别是非常必要的。关于友情与爱情的区别，日本一位心理学者提出了五个指标，可供参考。

1. 前提不同

友谊的前提是“理解”，爱情的前提则是“感情”。友情最重要的支柱是彼此的相互了解，不管是对方的长处优点，还是短处缺点，都要充分认清。只有这样，才能产生友情。爱情则不然，它是对对方的美化，视作理想后产生了恋爱，贯穿其间全过程的是感情。

2. 要求不同

友情的地位是“平等”，爱情却要“一体化”。朋友之间立场相同，地位平等，彼此之间无须多余的客气，也没有烦恼的担忧。如果遇到对朋友不利时，可以直率地提出忠告。朋友之间就是这样，有人格的共鸣，亦有剧烈的冲突。爱情则不然，它具有一体感，身体为二，心却为一，两者不是互相碰击，而是互相融合。

3. 规则不同

友情是“开放的”，爱情则是“关闭的”。两个人有着坚固的友情，而当有人生观与志趣相同的第三者、第四者想加入的话，大家都会欢迎。爱情则不然，两人在恋爱，是绝不容许有第三人加入的。

4. 基础不同

友情的基础是“信赖”，爱情则是纠缠着“不安”。一份真诚的友情，具有绝对的信赖感，犹如不会动摇的磐石。相反的，一对相爱的男女，虽也互相信赖，但老是被种种不安所包围。

5. 期望不同

友情充满“充足感”，爱情则充满“欠缺感”。

当两个人是亲密的好朋友时，彼此都有满足的心境；可当两个人成为情人时，虽然初期会有一时的充足感，可不久之后，就会心生不满足感，总希望有更强烈的爱情保证，经常有一种“莫名的欠缺”尾随着。

准备恋爱的青年朋友在和异性交往过程中，不要欺骗自己，不要演戏，要好好地反省自己内心的情感动向，依据上述五个指标，仔细地观察、反省，并作综合分析，对友情与爱情作出正确的判断。

二、如何谈恋爱

生活中有的人谈恋爱一谈即成，有的人却屡屡告吹。对于后者来说，原因固然很多，但是，没有在恰当的时候用恰当的方式表达自己的感情，恐怕也是恋爱失败的原因之一。

那么，什么是“恰当的时候”和“恰当的方式”呢？

1. 准确地了解对方的心意

就“恰当的时候”而言，关键在于要正确判断和了解对方的心意，做到“知己知彼”，掌握火候，不失时机。为此，建议你在示爱之前，不妨对下列几点作一番回顾。

你们俩在一起时，他是否表示出愉快、舒畅，乐意与你共叙衷肠？

当有其他同性与你一道和他同时接触的情况下，他是否主动接近你，并对你格外关注？

当你向他谈起自己的理想、志趣及对生活的看法时，他是否感兴趣，并能引起共鸣？

当你主动与他接近时，他的态度是否热情、积极，没有表现出冷淡、回避和敷衍的情绪？

对你的思想、品行、学识、情趣，他是不是衷心赞许？

如果上述几条的答案，基本上属于“否”，那就说明你向他示爱的条件还不成熟，不宜操之过急；如果答案基本上是属于“是”，那就表明时机已接近成熟，可以试一试了。

2. 采取恰当的方式

（1）投书问路。表白爱情的简单易行且保密效果最好的方法就是写信。你可以在信中发挥你的才智一吐心曲。但要注意，这是“问路”信，千万不能洋洋洒洒、倾尽衷肠，或通篇充满“我爱你”之类赤裸裸的直白。这样做即便不引起对方厌恶，也会对你没有好感。所以，问路信以幽默含蓄为美。

（2）大胆约会。你可约对方去听音乐、看电影、散步、溜冰、跳舞。这类邀请既文明、亲切、自然，又富于生活情趣。如果你常对对方特别邀请，自然会使对方领略到心心相印的特殊感情。

（3）托人说“情”。如果你很害羞，感觉难以启齿，那就采用这种旧式的、正统的又能避免难堪的表白方式。你可委托信得过的亲朋好友，将自己的爱的信息准确地传递给对方。这个人不仅可以起到介绍情况、穿针引线的作用，而且还具有一定的担保作用。

（4）暗示心曲。你可以向对方赠送一些小礼品来暗示爱情。这个礼品的选择一定要巧妙，既寓意深长，又富有浪漫色彩，这样，对方既不会感到唐突，又能从中体会到你那颗怦然跳动的心。

这种小礼品很多，如一束淡蓝色的“勿忘我”绢花、两颗“此物最相思”的红豆，等等。

适合自己的才是最好的

有人说男人和女人最重要的是相知相爱，其实，在你的一生中真正能打动你的人远远不止一个，都去相爱吗？都去一一尝试吗？很不现实，也许等你选择到最后，才发现你爱的人并不适合你，而你不爱的人却处处能跟你合拍。爱是一种用心投入的狭隘的情感，只有当两颗心天衣无缝地融合在一起，才会找到真爱。

已经过了而立之年的张汉离婚了，因为他爱上了一个刚来公司不久的年轻女孩。他爱女孩的年轻，爱女孩的优秀与美貌，而女孩鼓舞性的话语更是让他走火入魔。于是张汉在一时冲动下抛弃了结发的妻子，也抛弃了当初的诺言，毅然选择了离婚。

可张汉远没有想象中那么快乐，没多久，女孩就离开他走了，投入到另一个男人的怀抱，因为女孩厌倦了张汉的老气横秋，她要去寻找更刺激的生活。那一天，张汉在酒吧昏暗的灯光里掩面而泣。他回忆起与妻子多年在一起的点点滴滴，并与这个“新欢”对比：“我以前并不在乎妻子为我和这个家付出了多少，我也从来不知道马桶那么干净是因为经常清洗，我一直以为孩子会自己长大，我甚至以为每天回家有热乎乎的饭菜是理所当然的……”

离婚了，才知道自己需要什么样的生活，才知道什么样的女人适合自己。张汉的经历是具有普遍性的，不少人都曾为了“好”放弃了“合适”的，这正是很多人在爱情之路上不顺的原因。永远不要亲手毁掉自己的生活，要知道，爱情就像捡石子，如果把适合自己的石子丢弃在乱石堆里，可能就再也找不回来了。

一位漂亮且聪明的女孩大学毕业后，拒绝了很多优秀男孩的追求，最后却选择了一个毫不起眼的男人结成夫妇。周围的许多人都觉得不可思议，就连她的闺密也不理解。而她自己却很坦然，在众人疑惑的目光中，她披上了婚纱，和自己的爱人走入婚姻的殿堂。

多年以后，当她的同学都疲倦于营造自己的一隅、失望于当初的幻想破灭时，众人才发现：这位女孩并没有像他们所想象的那样，困在一个庸碌无为的家里，憔悴不堪，而是依旧光彩照人，甚至比以前还多了一份成熟的雍容和深刻。他们手牵手地向众人走来，眼中流露出的依恋和从容，让在场的每一个人都怦然心动！这位女士告诉大家，她的男人不是最优秀的，他有许多的缺点，但这些在她还没有接受他的时候就已经知道了。但是她认定了这个男人就是要和自己共度一生的人，她说："爱情就像鞋子，炫目与否，入时与否，是给别人看的，而合脚不合脚，舒适不舒适，却只有自己清楚，冷暖自知。"所以她才决定今生今世，将自己的感情托付给这个在她遇到挫折的时候能够默默地帮助她、在她失意的时候能热情地鼓励她，并且从不索取任何回报的男人。

就像这位女士说的一样，选爱情就像选鞋子。一个人穿着一双旧鞋，或是一双廉价的布鞋，但松紧、大小很合适，很舒服，这样，鞋子和脚都很幸福。一个人如果穿着档次很高、价格昂贵的皮鞋，可是鞋子很紧，根本不合脚，这时鞋和脚都不舒服，感觉到的只是痛和累，脚和鞋都不幸福。

在爱情中，最幸福的莫过于找到了适合自己的人，他会给你坚强，给你幸福。所以，千万不要做蠢事，用世俗的眼光去衡量你的爱情，更不要让自己的爱情牺牲在别人的品评中。

执着地示爱帮助你打动芳心

现在，不少年轻人谈情说爱，大都是凭着“感觉”不错，才去追求看看。如果对方的反应不好，算一算成功的概率不高时，大部分的人便会选择放弃。

所以，有人说现代人谈恋爱都变得很“识趣”，并认为这样也好，反正大家都不浪费时间，也免得爱得越久，伤得越深。

可是，正是因为大家都轻易放弃，执着地追求爱情者就显得与众不同了。

不管对方是哪一种人，只要常常向他示爱，他就会感到自己是个很有魅力的人，而对你倾心。有些其貌不扬的男人，反而会交到很好的女朋友，就是因为他能够执着地示爱。

俗话说“精诚所至，金石为开”，人非草木，孰能无情？当他面对你一个比一个更强烈的进攻时，不可能不为你所动，而只要一个小小的松动，就可能导致他整个的土崩瓦解。他投降之时，便是你胜利之日。

一、强调他是“主角”

虽然人们都喜欢听赞美的言辞，但仅仅靠多说几句赞美的话还是不能够打动对方的。尤其是当代社会，无论是男人还是女人，他们都需要自尊、自重、自强，而不仅仅是奉承。他们需要被公众认同，希望充当生活的主角。如果你所爱的人是自尊心特强又聪明能干的男人或女人，更是要注意这点。在强调他是主角的前提下，再赞美他，他就会对你报以会心的微笑。

二、制造令他惊喜的场面

几乎所有的恋人在约会时，都期望创造出一种浪漫的气氛。策划一次出其不意的旅游，买好车票，到临走时才告诉他，对方一定会感到喜出望外；在一个不值得特别纪念的时刻，送他一束玫瑰花，对方一定会感到很兴奋。

不过，这种事不能做得太多太滥，因为任何事情，一旦成为例行公事，就失去了情调，不再是浪漫的了，时不时地于有意无意间制造一些令他惊喜的场面，会给你们的浪漫爱情增添一份更加迷人的色彩。

三、适当给他台阶下

当他对你说：“我实在不爱你，我现在对你已经无法产生兴趣了。”

这时你不要气馁，可以说：“这不是你的心里话！”这种应对方法既给自己一个可下的台阶，避免了窘迫的处境，又可以给对方一个挽回的机会。

当他又说“我确实是这么想的”，“这的确是我的心里话”时，你可以说：“你不要再欺骗自己了！”

当他反复强调他根本没有在欺骗自己时，你要不断地否定，强调他心中依然有你。这种强调的结果，往往会让他收回成命，认为自己很荒唐。

四、循序渐进，“得寸进尺”

做事要讲求个程序、进度，特别是当对方不是很喜欢你时，就更不能急于求成。先让他答应你的小要求，然后逐渐加码，从一起喝杯咖啡，到一起去散步，一起去看电影，一直到一起恋爱。

根据心理学家的说法，想要获得一个人的心，必须先要让那个人常常意识到你的存在。她对你的记忆愈深，和你交往的机会就愈多。因此送的礼物，最好是她能时常接触的，如首饰、时装等。当她穿上你送的衣服或戴上首饰时，就会自然地想到你。

经常听女性这样向同伴诉说自己的爱情经历：“开始时，我只是对他有点好感，他死活追我，让我躲都躲不开。他这个人，真让人没办法。真跟他好了以后，觉得他这个人还行。”这就是执着追求爱情的结果。

有时错过了就不会再拥有

“于千万人中遇见你所要遇见的人，于千万年之中，时间的无涯的荒野里，没有早一步，也没有晚一步，刚巧赶上了，那时也没有别的话，唯有轻轻地问一声：‘噢，你也在这里吗？’”张爱玲的这句经典名言感动了很多人。缘分在冥冥中似乎早已注定，红线被月老牵过，两颗星星会在夜空中相遇和碰撞，故事就此开始演绎。俗话说得好，一个萝卜一个坑，你最终会掉进哪个“坑”里，真正属于你的另一半会“不请自来”，缘分不能勉强。

三毛说：“男人是泥，女人是水，泥多了，水浊；水多了，泥稀；不多不少，捏成两个泥人——好一对神仙眷侣。这一类，因为难得一见，老天爷总想先收回一个，拿到掌心去看看，看神仙到底是什么样子。”也许人生本就不完美，好不容易找到一份美妙的爱情，还是会被现实世界轻易打碎。这也提醒我们，珍惜身边的缘，珍爱身边的人，别等失去了才后悔莫及。

爱情的世界里有太多无法解释的因素，但爱情不是一句空话，爱情也是现实的，不要为了不切实际的爱沉浸在幻想里，伤了自己，毁了生活。强爱上的就是一个以他的条件无法企及的“飞鸟”。

因为玩网络游戏，强结识了不少朋友，其中和一个异性朋友的邂逅给他留下很深的印象。她是一家外企公司的主管，也喜欢玩各种各样的游戏，这是因为她是个浪漫的女孩，而且童心未泯、甜美可爱。渐渐地，强对她产生了好感，她的影子总是萦绕在强的眼前。他为她付出了很多很多，终于有一天他含蓄地向她表白，可她一味遮掩、逃避。第二天，他和她聊了一晚，终于向她求爱了。她是一位28岁的白领，不像青春女孩那样热情，而强才20岁，还没有正式的工作，也许这就注定了强的失败。她没有直接拒绝强，而是说了一句："我们做朋友更好，不是吗？"

"嗯。"强笑着回答，可是这个字如千斤巨石碾压着他，他的心碎了。

世界上最远的距离，是鱼与飞鸟的距离，一个在天，一个却深潜海底。强决定离开，临行时他看了她最后一眼。他要把这个自己曾经付出过很多的女孩永远忘记。

强是明智的，当他被这个白领女孩拒绝后，他没有继续纠缠，因为他明白，他们之间的距离就好比飞鸟和鱼。他们只是可以在游戏里做个知己，而爱情当然不是游戏，爱情需要共同语言，也是现实的。

人说，对的时间遇见对的人，是一生幸福；对的时间遇见错的人，是一场心伤；错的时间遇见错的人，是一段荒唐；错的时间遇见对的人，是一声叹息。如果不懂得珍惜，没有把握住对的人，即使你爱的人再度出现，或许她已经不是那个对的人，你们只能叹息有缘无分。

玫是他的高中同学，那时玫同情他贫困的家境，倾慕他的才气。每次去食堂打饭，玫都买两份菜，然后回到教室，谎称胃口不好，把大部分菜倒入他的碗中。课余之时，他们常去学校后面的小树林中复习功课，背诵历史习题和英语单词。

一切本应顺理成章，但玫小心眼，每次别的女同学向他请教习题，他耐心讲解时，玫都异常气愤，认为他对别人有情意。于是，玫醋性大发，扬言要"报复"他，并与学校外一名男子谈起恋爱。他伤心不已，认为玫是那种水性杨花的人，从此与她断绝了来往。虽然玫之后多次哭着让他原谅她，任性而自负的他却没有答应，但他心里却一直记着玫。

和玫在一起的日子里，她曾给他带来太多的欢乐，也正是在玫的帮助和照料下，他才得以在黑色七月里一路"过关斩将"，顺利地跨进了大学的门槛。而玫却因分散了太多的精力，名落孙山，回到了家乡。

大学毕业以后，他顺利进入了一家公司，多年对玫的牵挂让他鼓起勇气给玫写了一封信。

日子如往常一样在平平淡淡中度过。信寄走后的第二个星期六，他正在宿舍和同事们说话，一个同事进屋对他说："外面有一个女孩找你。"

他来到外面一看，竟是玫！他做梦也没想到，玫和在高中读书时一样，剪着齐耳的短发，穿一条洁白的裙子，肩上背着一个黑色的皮包。

接下来的几天，玫一直都陪在他的身边，有说有笑，询问他原先的大学生活和现在的工作情况，向他倾诉着她这几年来的经历，只是涉及感情方面时，玫都避而不谈。

5 天过后，玫要回去了。当他们一起散步时，他向她求了婚，可是玫却摇了摇头，说："谢谢你。这几年来，由于一直没有你的消息，我妈已在今年上半年让我和一个做生意的人办理了结婚登记手续，下个星期就举办婚礼，我们已经没有机会了。"

他一下子瘫了下去，原来他在错的时间遇见了对的人，那个他一直等待的人已经不属于自己，两人就这样错过了。

玫真的走了，可是他却一直沉浸在他们的往事中不能自拔。他很后悔当初的选择和骄傲，让自己失去了自己的爱人。

其实，爱情就是这样，错过了就不会再拥有。就算你苦苦盼来了这列姗姗来迟的爱情班车，你依然不会是上面的乘客。既然有缘无分，你又何必去苦苦怀恋，让自己为往事饱受折磨呢？感情不是自己说了算的，要靠缘分，而缘分又是不能勉强的。

真情应是两情相悦

“爱我的人对我痴心不悔，我却为我爱的人流泪、狂乱、心碎，爱与不爱同样受罪，为什么不懂拒绝痴情的包围。”正如歌声中所表达的一样，找个爱我的人还是我爱的人，是许多正处于爱情纠葛中的人感到困惑的问题，而那些还没有进入恋爱状态的人，似乎也不能给出一个较为客观的答案。

还是让我们从《乱世佳人》中的美丽女性斯佳丽充满传奇和浪漫色彩的爱情中寻找一些答案吧。

斯佳丽少女时代就狂热地爱上了近邻的一位青年阿什利，每当遇到阿什利，斯佳丽就恨不得把自己全部的热情都倾注在他身上，然而他却浑然不觉。在斯佳丽向阿什利表达她的爱恋之情时，却被另一位男士瑞德发现，从此瑞德对斯佳丽产生了好感。阿什利没有理会斯佳丽的真情，同他的表妹梅兰尼结婚了，斯佳丽陷入深深的痛苦之中，可她对阿什利的爱恋丝毫没有减弱。后来二战爆发了，瑞德干起了运送军民物资的生意，并借此多次接触斯佳丽，他非常欣赏斯佳丽独立坚强的个性和美丽高贵的气质，狂热地追求她，引导斯佳丽冲破传统习俗的束缚，激发她灵魂中真实、叛逆的内核，让她开始追求真正的幸福。斯佳丽最终经不起他强烈的爱情攻势，他们结婚了，然而斯佳丽却始终放不下对阿什利的感情，尽管瑞德十分爱她，她却始终感觉不到幸福，一直不肯对瑞德付出真爱，以致他们的感情生活出现深深的裂痕。后来，他们最爱的小女儿不幸夭折，瑞德悲痛万分，对斯佳丽的感情也失去信心，最终离开了她。瑞德的离去使斯佳丽最终意识到自己的真爱其实就是他，然而一切已悔之晚矣。斯佳丽被一个并不爱她的男人蒙蔽了发现爱情的双眼，一生都在追求一种虚无缥缈的感觉，追求一种并不存在的所谓的爱情，当真正的爱情一直追随自己时，她却屡屡忽略。瑞德选择了一个不爱自己的女人，也因此付出了大量的青春和感情，最终使自己伤痕累累。他们俩的选择都是错误的，因为他们都选择了不爱自己的人，致使自己的感情白白付出，酿成了悲剧。

读完这个故事，我们都应该掩卷沉思，从中得到启发，避免类似的悲剧在我们身上发生。真正完美的、能够长久地给人带来幸福的爱情，应该是两厢情愿、两情相悦的，是爱情双方互相认同和吸引的，是双方共同努力营造的。一个巴掌拍不响，单靠一个人的努力，另外一方无所回应，爱情的嫩苗不可能发展壮大，爱情的花朵也不可能结出丰硕的果实。因此，我们在寻找爱情时，一定要找一个既爱自己又被自己深深爱着的人，找一个与自己的道德观念、人生理想、信仰追求相似的人。尽管这样的爱情得之不易，适合自己的伴侣迟迟没有出现，我们也应对真爱抱有坚定而执着的信念，做到“宁缺毋滥”，因为不适合自己的“爱情”不仅不能给自己带来幸福，反而会浪费自己的青春和感情，给自己的心灵造成伤害，使我们丧失对真爱的感悟力，使伤痕累累的我们没有信心再去尝试真正的爱情，从而错过人生中的最爱，这岂不是最大的悲剧吗?

强扭的爱情不会甜

如果选对了一个朋友，可以快乐一生；如果选对了一个事业，可以成就一生；如果选对了一个伴侣，可以幸福一生。是你的最终会来到你的身边，最终会向你伸出双手，挥去你那等待的寂寞。

一、放手，是为了寻找自己的真爱

俗话说："强扭的瓜不甜。"爱情也是如此，强求来的爱情也不会甜，感情必须是顺其自然的，而不是强求的。如果为了博取对方的欢心，而刻意地压抑自己，改变原先的自己，从而失去真实的自己，日子就会变得很难过。如果为了得到对方，而想方设法，甚至不择手段，即使留住了对方的人，也留不住对方的心。不是你的，就不要去强求，因为对方不能够给你需要的爱。

每个人的命运不同，所谓终须有和莫强求。有许多东西都只是我们生命中的插曲，人生贵在争取，而不是强求。面对爱情中的挫折、困难，我们应该迎接挑战各方面的阻碍，把握好尺寸，才会赢回自己的爱情，而不是盲目地去强求不属于自己的东西。每一个人对爱情的定义都是不一样的，要明白这份爱情是否是属于自己的，不要自欺欺人，不然对双方都会是一种伤害。

如果你爱上一个人，你会为了他付出自己的全部，这就是爱。爱是幸福，爱是痛苦，爱是快乐，爱是悲伤，爱是无奈……可是，我们依然会无怨无悔。在爱的时候，往往眼睛里只有对方一个人；他不在身边的时候，一切都带有他的影子，思念和寂寞如潮水般涌来……爱是希望对方和自己步调一致，和自己心灵相通，或许对方无心说的一句玩笑话，也会让你顷刻间情绪低落，甚至会让你眼泪汪汪；爱是不管去哪，都希望对方能够陪伴在身旁，或许会在异乡的街道上因为看到一个酷似他的背影而久久地愣在原地不动；爱是在对方要去外地时，在车站等到车开走之后才肯离开，并在他走后的日子里天天心神不定；爱也是一场输不起的游戏，在为对方付出了全部之后，自己所留下的可能仅仅是刻在心底的一道伤痕；爱也是明知道自己离不开对方，却是不得不放弃他，因为爱就是要对方幸福。而强求而来的爱，是不会幸福的。

二、爱情是强求不来的

他和她在大学就相恋了。在爱情萌芽的日子里，她感觉是那么的幸福，他对她也是关怀备至，她感觉自己就像浸泡在蜜罐中。可是，她万万没有想到，毕业没多长时间，一不留神，这段甜美的爱情便猛然拐了一个大弯。她总是找不到他，他对她也不似以前那样温柔，他离她渐渐地远了。晚上总是晚归，甚至她在他的手机里发现了暧昧的短信……

这对她来说，就像是一场突降的暴风雨，她感受到从来没有过的惊慌失措。可是，她还是放不下他，她不愿离开他，她包容着他的种种过错，因为她还是那样地爱他。

后来的日子，她加倍地倾情投入，试图用她充满温情的爱去感化他。可是，她的努力并没有扭转他一天天偏离爱的轨迹，他依然向另外一个方向走着，好像离她越来越远了。她最怕的一天到来了，他向她提出了分手，她心里清楚这一天是逃不掉的，可她从来都不敢去想，听到这句话之后，她几乎要崩溃了。她不相信这就是他们的结局，她以死逼他，说："如果你抛下我的话，我就死给你看！"他真的怕她会做出这样的事，无奈之下，他只能依然待在她的身边，可是，他对她异常冷漠。一天晚上，他出人意料地带回了她最喜欢吃的大螃蟹，她的心中没有一丝的快乐，却满是猜疑。在以前如果他带回来大螃蟹，她会高兴得像个小孩子一样，可是现在，不知道为何她丝毫没有幸福的感觉。在那一刻，她的心忽然变得豁然开朗，她似乎读懂了这场爱情，她不知道自己为什么会变成如此模样，原本可爱、活泼的她不见了。她以死来挽回的爱情没有一丝的幸福，甚至让她感到压抑，让她每天都喘不过气来。那一刻她懂得了，强求的爱情并不能让他幸福，更不能让她自己幸福。

强求来的爱情，并不能够让彼此心安，若每天的日子都充满着担忧，充满着恐惧，怎么会幸福？希望处于爱情边缘的人们都能够明白这一点。该放手时就放手，放开自己根本并不是主角的那场爱情。也许放手是一种无奈的绝望，会痛彻心扉。可当再次与曾经深爱如生命的人陌路相逢时，才恍然大悟，原来，曾经以为天长地久的爱情，其实不过是萍水相逢。也许你曾经以为两个人可以牵着手一路走下去，可是放手了才明白，一切只是两条平行线偶然的相交，当一切都烟消云散，平行的依旧平行，即使相隔不远，也已是人各天涯。也许你曾认为分手之后，你一定会心痛地死去，可是当你放手之后才发现，原来放手之后你可以更幸福。

放手之后，你其实什么都没有失去，你只是回到了认识对方之前的日子。你可以把那段爱情当成生命中美丽而短暂的烟花，只要曾经灿烂过，又何必执着于没有烟花的日子呢？

为爱情点亮一盏灯

她曾经出类拔萃、心高气傲，是大学里有名的才女。但是现在，当风华正茂的同学们都在事业上小有成就时，她却沦为阶下囚，只能在无奈和后悔中透过铁窗回忆自己为了盲目的爱情付出的惨重代价。

当一起毕业的大多数同学还在为工作而四处奔波时，她早就以优异的成绩进入该市一家著名企业担任实习会计。一年以后，她又凭借自己的努力和聪明，获得了会计师资格证。之后，她因为表现出色，被公司屡屡提拔重用。3年之后，年纪轻轻的她已经成为公司最年轻的中高层主管了。

集年轻、漂亮、聪明和美好的前途于一身的她在恋爱方面同样追求完美。因为她的挑剔，她一直没能找到心仪的对象。终于有一天，在去银行办事的时候，她与银行的一位新员工一见钟情，并且迅速坠入爱河。

年轻帅气而又风度翩翩的小伙子也得到了她父母亲的认可。而父母唯一感到美中不足的就是小伙子的家境并不富裕，而且他在事业上才刚刚起步。虽然她自己也认识到了这些，但是她却并不在乎，她相信真正的爱情是不必计较这些的。

可是小伙子似乎很为自己与她的差距忧虑。他曾经多次向她表明，自己一定会想办法出人头地，挣到更多的钱，为他们今后的美满婚姻奠定基础。小伙子的话更让她感到满足，她觉得小伙子能有这样的想法，就表明他是一个负责任的、积极上进的男子汉。她表示，她可以为心爱的男子汉付出一切，只要他需要。

小伙子很快就提出了要求，他说眼下正有一个赚大钱的好机会，却苦于没有本钱。于是她决定利用在公司中的职权先弄一笔钱，然后等小伙子赚到钱后再还给公司。

几天之后，小伙子说钱是赚到了，可是他远方的母亲生了重病，要做一次大手术，刚刚赚的那些钱还不够手术费的一半。看到深爱的人陷入如此困境，她不顾国家法律和公司规定，再一次从公司的账上拿出一笔钱。

最后当公司发现账务上的漏洞时，她已经记不清自己从公司拿走多少钱了。当调查人员询问她这些钱的去向时，她甚至还想要牺牲自己保全心目中的白马王子。可是，她万万没有想到，一个月前，声称出差的男朋友早就逃之夭夭了，而随同他一起出逃的则是他的妻子。

在调查结束后，她被处以15年的有期徒刑，这意味着她将用漫长的15年铁窗生涯来为自己的这段爱情埋单。

在法庭上，她说过的一段话引起了所有听审人员的深思："我一直追求最完美的爱情，我一度以为，我得到的正是最完美、最纯真的爱情，所以，我一头扑了进去，再也没有一丝理智。正是对爱情如此盲目的态度害了我，害了所有爱我的人……”

爱情常常让人盲目，所以在享受浪漫醉人的爱情时，我们应该为爱情点亮一盏明灯，好照亮幸福的方向。如果是正确的方向，我们需要鼓起勇气前行，如果是错误的方向，那么我们就要果断地放弃，与那段不正常的“恋情”说再见。

该放不放，自食感情的恶果

世界上最美丽、最让人感动的爱情，就是两个人能够相濡以沫，彼此信任，虽经历了许多磨难，许多坎坷，爱却依然至情至渝，这才是最完美的爱。如果你不爱一个人的时候，就请放手，好让他人有机会去爱；如果你爱的人放弃了你，请放开自己，好让自己有机会爱别人。对待爱情，我们应该学会正确地看待它。

一、放弃，或许就会幸福

幸福与否是自己来感觉的，而不是由别人来评断的，自己内心最清楚。就像鞋子合不合脚，穿着舒服不舒服，都只有自己心里清楚。

如果对方不能给你爱情，不要再等待，不要再奢望，这样只会让你更失望，让你受伤更深。既然你无力改变对方，何不试着改变自己？学着忘掉他，尽快从忧郁中走出来。爱就像是一条小溪，流过你的心田时虽然有时也会有痛苦，可是回忆起来总是甜蜜的。如果爱情只是让你苦不堪言，在回忆起来时心中也是苦涩的，那么，该放手就放手吧。爱是一种缘分，不能成为爱人，就成为朋友吧，或许这样会更好。

有的东西即便你再喜欢，它也不会属于你；有的东西即便你再怎么留下，它也注定要远离。爱就像是人生中一首永远都唱不完的歌，在人的一生中或许你会经历许多种爱，可是千万别让爱成为一种伤害。爱一个人不一定要拥有，有些爱一开始就注定要失去，有些爱注定永远都不会有好结果。但拥有一个人时就一定要好好地去爱他，不爱的时候就放手，这对谁都是一件好事。如果爱对方是苦，为何不放下？如果拥有是苦，为何不松手？如果对方已不爱你，为何执迷不悟？如果明知道应该放弃，为何不甘心就此离开？如果明知道这是煎熬，为何不躲掉？如果明知道这份爱根本无前路，为何不止步？否则，不是自食感情的苦果吗？虽然爱并不是说收就能收得回，可是总要学着去努力放弃。

从前，有一个女孩生活在一片大森林中，虽然只有她一个人，可是她并不孤独。因为有鸟儿为她唱歌，有花儿为她伴舞，有大树给她当听众，有小溪为她欢呼，她认为一切都是这么美好，并且一直这样认为。

可是，有一天，女孩看到一只受伤的鹰，她就精心地为它疗伤，细心地照顾它。这一段时间，女孩非常快乐，这是她长这么大从来没有体会过的快乐。她和鹰说话，为鹰唱歌，为鹰跳舞，为鹰做一切可以做的事。可是，鹰身上的伤已经好了，它要回到天上了，在鹰飞起的那一瞬间，女孩第一次感到了孤独。从此，她变得不再像以前那样快乐了，每天只是不停地等待，等待着鹰回来。她已听不到鸟儿的歌声，看不到花儿的舞姿。

她等啊等，终于有一天，那只鹰飞累了，它落下来休息。女孩看到了，她非常高兴，激动地抱着鹰的双腿，想要它留下。可是，鹰是属于天空的，它所要的是自由和飞翔。鹰还是张开了翅膀，向天空飞去，女孩并不愿就这样放弃了，依然紧紧地抓着鹰的双腿，女孩就被鹰带上了天空。鹰飞得好累，而她的双手终于也拉不住了，女孩从高空中狠狠地摔了下来。她落到地上的一刹那间，女孩又听到了鸟儿的歌声，听到了小溪的欢唱，看到了花儿优美的舞姿。可是，一切都已经晚了，她再也看不到了，再也听不到了。在她快要合上眼睛的时候，女孩想："如果我早点放弃的话，就不会受这么重的伤了！"在女孩的眼泪流下的那一刻，她也离开了她那快乐的土地。

爱得盲目，爱得无知，只会让自己痛得更透彻。爱情的道路上，我们不可能想得到就得到，爱是两方面的，不仅仅是你喜欢就可以了。没有结果的爱情该放就放，长痛不如短痛，在你放弃一条小溪之后，你会发现前方有一片大海在等你。

二、爱不会在原地等待

一天，她收到了一个男孩写给她的情书，这让她吓了一大跳，她说了一句极其伤人的话："如此不起眼的一个男生凭什么追求我？"那时她有资本，不仅年轻漂亮，而且特别聪明，学习成绩在学校里每次都是第一，她在男生的眼里简直就是可望而不可即！

男孩听到她的话并没有伤心，而是说道："凭爱，爱有公平的权利！"她被他这句话怔住了，看了他好半天，然后，她漫不经心地甩下一句："那你就耐心地在后面排队吧！"

在学校的元旦舞会上，学校里的白马王子枫深情地向她表白："我爱你，我想让你伴我一辈子！"她被枫折服了，她的心跳加速。她幸福地任她的王子紧紧拥抱着，心甘情愿地被这位王子牵走了那颗骄傲的心。王子出自名门，既聪明又帅气，对她更是痴迷心醉。于是，在众多的追求者中她选择了王子。她在偶尔间的回眸中，看到了那个苦苦追求她的男孩，他在欢呼的人群中默默地走开了。

然而，白马王子并没有伴她一辈子，毕业后王子就去了国外，留下的是她无尽缠绵的相思和眼泪。几点忧伤，几许烦愁，可是，她的心仍是不舍的，依然等着远方看不到的王子。这时，这个男孩仍然是执着的，他问她："现在，我在你心中排在第几？"她的眼泪划过，她被他的爱感动了。

结婚那天，男孩准备为她戴上钻戒，可是，她突然惊慌失措地跑开了。感动并不能代表爱情，并不能因为感动而步入婚姻，于是她离开了。她在信中写道："给我三年的时间，在这三年里我们都可以交朋友，如果心里真的离不开对方，我就回来，嫁给你做你的丑老婆。"在三年里，她试着去忘记王子，在最后的一年，她也试着和另一个男孩谈恋爱，有一天这个喝醉酒的男孩居然打了她。随后，她拼命地朝着车站的方向跑去……她终于想通了，原本如古井般的内心早已因为他而流出了暖暖的爱意。一路上，她不停地对自己说："我要站在他的面前，然后告诉他：'我爱你。'"她想他一定很惊讶，他一定笑得无比开心。

他家的门开了，可是她却看到他的身后站着一个漂亮、纯纯的女孩，他走过来对她说："这是我的女朋友，她来为我过生日。"她的大脑里一片空白，她淡淡地笑着对他说："我出差路过这里，来看看你……"他送她时，怨恨地说道："你从来都不记得我的生日。"她背过身，眼泪控制不住地涌出来。一个追了她整整十年的男人的生日，她竟一次也没有记住过，而自己一直在等的那个王子，最后却让自己失去了真爱。

真爱或许已经在你身边，可是你却陷在另一份并不是爱的旋涡中，这只会让你再一次陷入痛苦中。爱情并不会在原地等你，你应该抓紧时间去把握真爱，把那些不属于你的都放下。爱可能在一瞬间就会离你远去，而对于失去的爱，不要再留恋，并不是谁离开了谁就无法生活。遗忘你的人，你也不要恋恋不舍，别让爱成为苦果，否则最终伤害的还是自己。

如果不懂得"放下"的艺术，我们就难免会成为心胸狭隘而又怒气冲天的人，到头来累的只有自己，苦的也只有自己。学会"放下"的艺术，痛后方能成长。不要胆怯、不要伤悲，有时，放下才能快乐、放下才能幸福！

爱不等于形影不离

丽的朋友恋爱了，有一天她约丽出来，一脸幸福无比的样子，她滔滔不绝地跟丽讲述她缠绵浪漫的爱情经历。一开始是她的男友狂热地追求她，经不住他的“死缠烂打”，她接受了他，两人住在了一起，简直是如胶似漆，形影不离。初恋的甜蜜使两人无时无刻不处在幸福之中。她和丽讲述这些的时候，脸上洋溢着满足和得意的神色，连丽都被她的幸福所感染，并产生了无比羡慕之情。就在她们聊天的当儿，她的男友也不时地通过手机频频来信，表达对她热烈的思恋，并不时地催她回去共用晚餐。丽内心无比感叹，心想这大概就是所谓的“一日不见，如隔三秋”吧，爱情的魔力真是无比强大啊！丽顿时对自己的男友产生不满，他因为工作老出差在外，他们很久才能见一面。

过了几天，朋友给丽发短信说她现在已经找到了一份工作，地点就在她男友的公司附近。这样一来，他们在一起的时间就更多了，可以一起吃中饭，下班一起回家，充分体验爱情的无比甜蜜。丽也深信他们之间的感情会越来越深厚，爱情之花会越开越娇艳。

然而过了一段时间，朋友再给丽打电话时，声音里不再是浓烈的兴奋，却透露出烦恼与不满的情绪。她说男友对她的生活空间大加限制，不许她跟别的男性见面，甚至连打电话和交谈的时间都不许太多，否则就会表现出不满的神色，甚至跟她生闷气。她还说由于两人天天都在一起，以前那种彼此牵肠挂肚、魂牵梦萦的感觉已不复存在，现在每天的生活都是那么平淡，索然无味。听完她的话，丽哑然失笑。丽推心置腹地告诉她：“你和我正好相反，我男友经常出差，我们总是三天两头见不着面，我一个人待着无比寂寞，因此常常对他抱怨，并拿你们之间的情况作对比，无比羡慕你们。看来现实中的爱情总是有不完美的时候，也许介于两者之间的状态才是最佳的吧。俗话说‘小别胜新婚’，我男友每次出差回来，我们的感情都好得不得了，那种状态就好像刚刚开始恋爱一样。”丽说完话，她疑惑地答应了一声，也许没有身临其境就不会有真切的感受吧。

有许多青年人选择了一种独特的恋爱方式，那就是“周末爱情”。每星期只有周末的一两天待在一起，其他时间都不见面，只通过短信、电话来保持联系，彼此感受对方的存在。据说这样的方式可以始终保持恋爱的新鲜感和高度的热情。

相信很多人都看过电视剧《过把瘾》吧。剧中由王志文和江珊主演的男女主人公由狂热的恋爱到结为夫妻，感情也经历了跌宕起伏的重重波折。婚前两人都深深为对方所吸引，坠入爱河，恋爱是无比浪漫的。而婚后两人朝夕相对，日日相守，昔日的新鲜感渐渐失去，彼此的缺点都开始暴露出来，性格的许多不同之处也使两人的生活产生许多摩擦。两人渐渐为一些鸡毛蒜皮的小事而斤斤计较，小吵小闹逐步发展为大吵大闹，甚至是大打出手。两人的感情也产生了不可弥补的裂痕，婚姻最终走向破裂，令人扼腕叹息。

剧中男女主人公的遭遇，反映了所有处于恋爱或婚姻状态中的情侣们都会面临的困惑。那就是，当恋爱双方日日相对、亲密无间时，双方渐渐对对方的优点熟视无睹，相反对方的缺点却日益暴露，于是感情开始出现危机，这时应该怎么办呢？相信最好的办法是彼此都留给对方一些空间，一些使双方都能保留自己的爱好、特长以及发展个人事业、友谊和人际关系的机会。这样你会发现对方的精神面貌一直处于不断的变化之中，也许每天你都能发现一个全新的他，一个充满吸引力的他，一个能给你带来新鲜感的他，你们之间的感情也会不断地升温，日益笃厚和浓烈。这样的恋爱大概就是最完美的吧。

保持一定距离，不时地给你的恋人一个惊喜，每天都向他展示全新的你，你将能永久保持爱情的醇美和香浓。

为什么婚姻如棋

精通下棋之道的人都会明白，对弈者往往全神贯注又彼此互不相让，有时争得脸红脖子粗，甚至掀翻棋盘又和好重来，这颇有某种象征意味，其实下棋的过程与形式同婚姻有些相似。

婚姻若棋，对弈的永远是一男一女。两个人从相识到相爱，就是在茫茫人海中寻觅下棋对手的过程。当男女双方在亲友的祝福声中步入婚姻的围城，彼此的对弈就已经拉开帷幕。男人的第一步棋就是想如何讨得女人的欢心，而确定自己在家庭中的地位；而女人的第一步棋则是怎样向自己所爱的人展示自己独特的魅力，让自己既美丽又动人。经过反复较量，彼此摸透了对方的棋艺，于是，一些男人开始以守为攻，从奴隶晋升到将军，而一些女人则以攻为守，从主人变成仆人。

有一幅漫画，极其形象生动地再现了婚后男女心态的变化。婚前，一个男人晴天打着伞去追女人；婚后一个女人雨天抱着孩子追赶着打伞的男人。

在对弈的过程中，有的女人往往故意让男人一招，然后乘其洋洋得意时，瞅准时机，将男人置于“死”地而后快；有的男人往往装糊涂，然后趁对方放松警惕时而奋力出击。在彼此较量的过程中，出现了成功的男人和女人，而其中的奥妙却是，女人的贤惠为男人的成功架起了一道云梯，而男人的无情则为女人的成功奠定了基石。

男女双方在对弈的过程中彼此改变和影响着对方，于是，出现了这样的情景：堕落男人的身后往往有一个贪婪的女人，女人在对物欲的贪婪中，将配偶送进了牢房；成功女人的背后往往有一个愚蠢的男人，男人在对婚姻的伤害中，将配偶推上了令人瞩目的排行榜。婚姻若棋，在男女相互拼杀的过程中，往往会发生戏剧性的变化：当男人想征服女人时，自己却稍不留神成了手下败将；当女人想输掉一局时，自己却占了明显的优势。正所谓有心栽花花不开，无心插柳柳成荫。

有人在下棋的过程中相信智能，认为如何下好婚姻这盘棋至关重要；有人相信命运，认为是胜是败都无法预测。每一个人都无法避免或逃避这场令人瞩目的两性战争，在这场战争中，愚蠢者想速战速决，聪明者则力求打持久战。在你来我往的交战中，凡是相濡以沫的夫妻只有和棋而无赢家。

再心爱的人也不能无条件地顺从

相爱应该是互相迁就，互相体谅，但不是无条件地顺从。否则，给自己和家庭带来的就有可能是无尽的伤痛……

电影《吉尔的妻子》讲述的是多年前发生在法国一个小城镇的故事。主角是炼钢工人吉尔的妻子艾丽莎。她成天忙着洗涮、做饭、收拾屋子、缝纫衣服、辅导孩子识字等，对丈夫的要求从来都是百依百顺。从她每次注视丈夫时那种充满爱怜、喜悦和欣赏的眼光就知道她的幸福和满足。

那件事情发生时，他们已经有了一对6岁左右的双胞胎女儿，并且艾丽莎又怀上了孩子。那件事情是艾丽莎的妹妹维克多莉插足了艾丽莎的家庭。因为怕失去丈夫，艾丽莎采取的解决方法是沉默、隐忍和等待。

艾丽莎的隐忍是超乎寻常的，她不仅要忍受丈夫和妹妹的不忠，还要忍受丈夫的幼稚和以自我为中心。

影片中最让人心惊的一幕是：吉尔，那个长着一张娃娃脸的艾丽莎的丈夫，在他知道维克多莉另有所爱后的一天晚上，他先向艾丽莎承认自己爱上了妻妹，然后，突然地，不顾熟睡的孩子们，不顾眼前妻子的感受，双手捶着桌子，大声喊叫着："她是我的！她是我的！"艾丽莎怕吓醒孩子，冲到桌前紧紧抱住丈夫的头，就如同母亲抱住孩子，而在她怀中的丈夫还在肆无忌惮地哭诉："如果我不爱她，我就不会有这些感觉，当她把自己献给我时……"这个做丈夫的，如同一个任性妄为的孩子，不加掩饰地、放肆地在自己妻子面前高喊着他对妻妹疯狂的迷恋。

艾丽莎一直没有说话，在丈夫再一次双手举向空中大叫"她是我的，她是我的"时，她坚定地抓住丈夫的手，在他对面的椅子上坐下，她就那样紧紧地握住丈夫的手，浑身发抖，面无表情，一言不发。因为抓得太紧，弄疼了丈夫，这才让丈夫和自己清醒过来。

那样的时刻，艾丽莎已经心碎了……

从那以后，艾丽莎因为怕失去丈夫，选择了不仅继续容忍，而且还帮助丈夫寻找接近自己妹妹的机会，比如陪着丈夫回娘家，代丈夫跟踪自己的妹妹。

直到有一天，丈夫说："我见到维克多莉了，我对她已经没感觉了。我知道自己犯了一个错误，我毁了属于我的快乐。"

艾丽莎的丈夫回头了，他长大了，知道替艾丽莎分担家务了，比如种菜、做早饭、带孩子。可是，这时的艾丽莎却似乎回不来了，她的心一如她家满园的枯枝落叶，一片片碎落而干枯。

终于有一天，一家人又开始了那种平静的日子。此时，一幅画面让人印象深刻，五口之家安详地坐在门前晒太阳，小儿子在大人的搀扶下蹒跚学步。

可是，那以后的一天，毫无征兆地，艾丽莎从顶楼上跳下，结束了自己的生命，未留下只言片语。

为什么艾丽莎在最终得到了她想要的之后，还会选择自杀？

有人说，她是因为丈夫回来后缺乏了往日的激情。如果真是这个原因，她完全可以像上次一样再次等待——而且很显然，这次的等待绝不会比上一次艰难。那么，究竟是什么促使她作出了决绝的选择？

从精神分析学的角度看，艾丽莎以这样一种方式完成了对丈夫的惩罚。但是考虑到艾丽莎是那样的善良、利他，这个可能性也许不存在。

艾丽莎的放弃可以用存在主义治疗观加以解释：丈夫的不忠让艾丽莎对自己存在的意义和价值产生了动摇。

世界上没有一种正常的关系能够容忍不忠诚，更不用说夫妻这种极其亲密的关系了。

不忠诚之所以会对关系造成极大的杀伤力，关键在于一方的不忠会让另一方怀疑自己的价值和存在的意义，从根本上动摇一个人对自己的信心和自尊。所以，很多痛苦都可以靠当事人自己去化解，但是背叛不行，背叛的痛苦永远不可能自己消化。

但是，让艾丽莎对自己的价值产生怀疑的只有她丈夫吗？艾丽莎自己有没有责任呢？如果时光可以倒流，艾丽莎是不是还可以用些别的方法来挽救婚姻和自己呢？

当然，艾丽莎已经做得非常令人惊异了。她没有大哭大闹，没有到处哭诉，在整个过程中，她不仅依然非常好地履行自己为人妻、为人母的责任，而且非常顾及其他人的感受：孩子们的、丈夫的、妹妹的、妈妈的。

她对丈夫说："我在等待，等待一切都过去。"她对神父说："我没有吵闹，我了解我的丈夫，那样他就会离开我。"

艾丽莎认为解决丈夫外遇的方法只有两个：一个是隐忍，一个是吵闹。

这就是关键所在了。生活之题和数学题是完全一样的，都是可以一题多解的，在某种意义上，生活中的问题还可以有比数学题更宽泛的解法。比如，如果艾丽莎在事情开始发生后就能把自己的痛苦、愤怒、担心和屈辱的感觉表达出来，让丈夫了解这些，而不是"假装一无所知"和"隐忍"；

如果她在一开始就把自己的底线说出来，让丈夫明了她要恢复家庭完整的决心，而不是“误导丈夫”；如果她知道关心自己，正视并安抚自己受伤的心，而不是忽视甚至压制自己的痛苦；如果她一开始就让丈夫知道，他们是两个彼此独立的成年人，他遇到的事应该由他自己去处理；如果她给予丈夫的是信任而不是放任，那么她的丈夫就不至于滥用妻子的宽容和善良，并且会很快对自己的行为负起责来……如果这一切“如果”都存在，那么艾丽莎的自尊、情感、自信也就不会被肆意践踏，也不至于被伤得体无完肤，乃至于身心破碎。

艾丽莎以为隐忍和大度就可以解决问题，其实不是的，这不是解决问题的建设性方法，相反，它会误导别人，让别人失去了解她真实想法的机会，以为她没有那么痛苦，没有那么在乎。

没有底线的隐忍和大度经常会被解读为：不在乎、无所谓。有时还会是：好欺负。对艾丽莎而言，这是多么可怕的误会！

在这个误会中，艾丽莎的隐忍与宽容被一次次滥用，自我价值感被一次次否定。艾丽莎虽然找回了丈夫，却失去了尊严，失去了自己的同一性，不知道自己是谁，将往何处去。因为当初没有设置底线，艾丽莎把自己给搞丢了，她在被别人背叛的同时也背叛了自己，她无法忍受自己对自己的背叛，于是，对自己进行了惩罚……

这个故事告诉我们：无论爱有多深，都不能拿自己的原则做交易；无论爱有多深，都不能背叛自己；无论别人是否忠实于我们，我们都要首先忠实于自己；无论别人怎样对我们，我们都要小心地爱护自己；无论有多么身不由己，我们都要学习倾听自己的心声，守护住自己……

幸福婚姻的心态选择

婚姻是双方长相厮守的承诺，但许多时候，各种机缘巧合，会有一位非常迷人的异性进入我们的视线或生活，这个时候就需要我们有足够的智慧去分辨会不会是一个危机四伏的诱惑。

有一部好莱坞大片叫作《桃色交易》，片中讲述的是一对年轻夫妇的爱情故事。

这对夫妇本是令人羡慕的一对，男的英俊潇洒，女的温柔漂亮，他们都受过良好的教育，有着不错的职业，两人非常恩爱，为了小家庭而努力工作。然而天有不测风云，经济大萧条来了，他们先后失业，一个月后，也将失去他们分期付款的房子。就在此时，一位亿万富豪闯入了他们的生活，这位富豪风度翩翩，优雅迷人，他对貌美如花的女主人公一见钟情，提出愿出100万元来与她共度一个良宵。起初，这对夫妇毫不犹豫地拒绝了他，但随后却陷入巨大的矛盾之中：就一夜，即可彻底摆脱目前所有的困境……最后女主人公去了富豪的游艇……

但在这一夜后，两人无论如何也找不回原来恩爱的感觉，再没有从前的默契，心里都有一种失落感。是女人为家庭做出了牺牲，还是没有经受住诱惑？答案已经无法深究。两人分手了，那100万元也没有带来他们渴望的喜悦。影片的结尾是两人经过一番波折后，又重归于好，因为他们仍然深爱着对方。

这种“桃色交易”只是电影中的一个故事而已，但不可否认的是，现实生活中我们的婚姻也会在毫无预料的情况下经受诱惑的考验。我们彼此深爱着对方，但却有位新的异性吸引了我们的目光。这种吸引是否正常？是否道德？应该说，这种吸引是正常人的正常反应，它使我们产生了一种对美好事物追求的幻想。但千万不能随便把这种幻想当成可以达到的目标而不顾一切地追求，这种追求是盲目的、不负责任的，尤其在婚姻感情方面，因为一时情绪冲动做出有违社会道德的事，是非常愚蠢的。结婚是一种事实，但是它不会使我们深藏的人性完全隐匿起来，对于美的追求，对于刺激的向往都是时常可能发生的事情。作为婚姻的另一方，也应该对这种情绪的产生有所准备，当自己的妻子或者丈夫产生这种幻想的时候，我们不要过于气愤和紧张，不要过度地干涉，而要充分相信自己，相信对方的理性，相信共同的感情基础。

世间流传着这样一个传说，即在很早以前男女是合体的，但是由于某种原因触犯了上天的神灵，被天雷劈成了两半。所以每个人的一生都在寻找他的另一半，尽管路途遥远而艰辛，尽管有的人找到了，有的人没有找到。而电影和电视剧也常顺着这个思路不断地重复相同的情节：有个特别的人在这个世界上的某个地方正在等着自己，当我们遇到这个冥冥之中注定要和我们在一起的人时，毕生的幸福就会降临在我们身上。我们不仅彼此深爱着对方，而且会忘了别人的存在，无视别人的魅力。

这是一个多么幼稚的想法啊！美丽动人的女人、英俊潇洒的男士都或多或少地会在我们心中激起一丝异样的感觉。只是人是有理性的动物，应该考虑自己的责任和做人的原则，不应像飞蛾扑火一样，为了一时的感觉，就可以做出不计后果的事来。你可以“恨不相逢未嫁时”，留下一份美丽的遗憾，恢复你正常的生活；你可以把他当作偶尔投影在你心波的云彩，珍藏那一美丽的瞬间，潇洒地挥手告别。当然，你也有权利重新选择。即使你想清楚了，作出这样一个决定，也一定要正大光明地讲出来，万不可苟且行事。

劳燕分飞也有益

当婚姻出现了裂痕，亮起了红灯之时，许多夫妻便选择了离婚。虽然离婚给双方带来的影响都是巨大的，但离婚并不是多么可怕的事情，可有些人却往往陷入这种悲痛之中不能自拔。

军的父亲和梅的父亲是至交，他们在同一个县城里生活。军上小学时，父亲被病魔夺去了生命，他母亲在梅家的无私帮助下拉扯他和两个妹妹读完了高中。军和梅从小青梅竹马，日久生情。在恢复高考后的第一年，梅把本属于她的名额让给了军，自己到工厂当了会计。就这样，军远离了家乡，怀着将用毕生的努力来回报女友的豪情，步入了一所大城市的名牌大学。

军学习非常用功，他希望将来能把梅和母亲接到城里生活，也算自己对家人的回报。那时的军在老师和同学的眼里是个朴实、进取的好青年。他在学校入了党，还是班干部。生活上由于得到梅节衣缩食对他的资助而没有太大的压力，他一心扑在了学习上。在大学期间，有一位女同学追求了他两年，而他不为所动。毕业后，军终于如愿以偿，被分配到这个城市的一家外事单位。不久，他把梅和母亲接来，一家人开始了新的生活。

此后的梅完全成了贤妻良母，全身心地支持着丈夫的事业，打点着里里外外的一切，她的艰辛终于换来了军事业上的青云直上。改革开放后，军成了所在单位一家下属公司的总经理。家里的经济状况逐渐好转，梅还像过去一样专注于丈夫和孩子。但是，军却发生了变化，穿着讲究名牌，待在家里的时间少了，除了将自己每月的工资如数上交，他对妻子和孩子的爱变得吝啬了。梅一直深信丈夫的变化是由于工作的原因，她仍然一如既往地爱着曾经患难与共的丈夫。直到有一天，军提出与她离婚，她才如梦初醒。揽镜顾盼，她才发现自己前所未有的憔悴，细密的皱纹像老唱片一样让人触目惊心，而大街上花枝招展的女孩，一个个脸面都像光碟似的灿烂夺目。她苦苦地哀求，但终于没有唤回军的回归。最后，梅精神崩溃了。

有的人离婚后，一直处于痛苦之中，对什么事都没有兴趣，不想吃饭，不想做事，觉得生活中出现了巨大的空缺。面对强烈的空洞，有的人觉得自己好像掉入了巨大的黑洞之中，不断下坠、下坠，直至死去。其实，婚姻是一个人不可缺少的部分，但却不是一个人生活的全部。当婚姻没有了的时候，你还可以用事业、友情、亲情、子女情去填补它造成的空缺，最起码可以防止内心空洞的加大。离婚者往往沉湎于过去，陷入对过去婚姻生活的回忆中而不能自拔。每个人都不能生活在过去，而是生活在今天，期望在明天，离婚者应该把注意力转向未来。很多人在结婚之后都把结婚之前的理想与梦想埋葬了，那离婚之后，则不妨去把那些以前一直想做而又没有去做的事情付诸实施。一旦你的注意力转移了，情绪也会相应地好起来的，因为你专注于某件你想做的事情时，你就没有心思去想那些令人痛苦的事了。一旦你觉得你也可以充实，可以快乐时，你的痛苦就会慢慢减少了。

还有很多被动离婚者，就像梅那样的女性，她们常常认为自己为对方奉献了大半辈子的时间、精力及其他一切，到头来却落得一个被抛弃的下场。她们心有不甘，总是想“凭什么我奉献一切，却什么也没有得到”。其实，只要静下心来想一想，想想自己和对方共同走过的那些年，经历过的那些风雨、快乐，自己收获的种种体验和感受，就会明白其实自己是得到了的，经历才是人生最宝贵的财富啊！

对于那些因“第三者”的介入而失去爱人和家庭的人来说，吞下的是一颗酸涩的果实，可也要看到，结束一段不幸的婚姻未必不是一件幸事。幸福的风帆总为那些自强不息者鼓满，离婚者要自强、自立，努力在社会上寻求并实现自己的价值，说不定美好的爱情又会不期而至。

原谅是为了更好地生活

有人说，人心如同一个杯子，杯里的水就是人的心事，水太多了，就会溢出。所以，适当的时候我们要倒掉一些才行。心情也是一样，负荷太重了，会使我们心情沉重，呼吸困难。而在婚姻生活中，如果把爱人的错误压在心底，就会造成心灵负荷，如果心灵被痛苦和不安所占据，就会难以获得快乐。宽容大度地原谅对方，就可以重新来过，可以更好地生活。

既然还真心相爱，何必为了对方的一个错误而放弃这段来之不易的感情呢？生气或吵架只是激化矛盾的催化剂，理智一点，别再为爱人的错误而耿耿于怀，宽容地原谅他，给他一个改过自新的机会，日后他会感激我们的豁达和大度，生活还能幸福依旧。

为了丈夫出轨的事，青一直不知道怎么办。

那天下班回来一打开电脑，青看到有个陌生QQ号登录过，她就问老公："今天家里来客人了？"他说没有，她就纳闷地问："没有人来家里，怎么会有人在我们家里登录QQ？"他若无其事地说那QQ是他的，她很奇怪，他的QQ不是这个号啊，头像也不对（头像是一个女生的生活照）。她问了他几次，他都说是他的。后来，青说："是你的，那你就现在登录给我看！"他一下子无语了，就搪塞说那是他同事的。青一下子火冒三丈，QQ是谁的不重要，她气的是丈夫一直骗她，把她当傻瓜耍。而且他骗她不是一两次，还有一次他出去，她打电话问他在哪里，他先是跟她说在家，再问的时候又说在公司宿舍找同事玩，后来说他在车上。

她不知道他哪句话是真的、哪句话是假的，她平时没有限制他出去或是参与其他活动，干吗不能实话实说？两个人在一起就应该坦坦荡荡，不应该互相欺骗。后来得到证实，他真的出轨了。丈夫痛心疾首地请求青的原谅，并保证以后不会再做对不起青的事。

青的内心特别纠结："我该怎么办？我该不该原谅他？我不知道现在的他还可不可以相信。离婚吧，还有孩子，孩子怎么办？而且，他对我还是很好。可是原谅他，我心里过不去这个坎儿。"

其实，青可以放下丈夫的过错，给他一个机会，如果他真的可以改过自新，全家人还是可以开开心心地生活。给犯错的人一个弥补的机会，不要一棍子打死。如果他不能痛改前非，青还有再次选择的权利。为了生活得更好，青应该原谅他，自己也可以如释重负，若总被这种矛盾的心情纠结着，只会让自己不快乐。

这个世界上没有真正的完人，谁都有缺点，谁也都会犯错。面对花花世界的各种诱惑，我们难免会一时意志不坚定，难以抗拒。但是，知错能改，善莫大焉。给别人机会，也是给自己机会。步入婚姻殿堂不容易，不要因为对方的一个错误毁了曾经的幸福，原谅会让你们更好地生活。

婚姻生活中并不全是幸福和快乐，矛盾和错误避免不了。爱人的错误就如同眼中的一粒沙，假如你使劲地揉眼睛，眼睛就会越来越难受；如果你只是轻轻地一吹，它就可以从你的眼中飞走。

小樱的新房装修好了，回想和老公一起走过的日子，她觉得时间真快，他们终于有自己的家了。他们是大学同学，在一起7年，房子首付他家出了5万，她家出了5万，其余是他们自己毕业三年攒的钱。

公婆来了，要住一个多月。之前在阳台上放了两箱礼品和一桶油，是小樱家乡的舅舅给她带过来的，她打算送人，因为最近她正在换工作。

一天下班之后，小樱发现那两箱礼品都已经被拆开了，当时心里有点生气。因为其中有一箱是鸡精，她就对婆婆说了一句："妈妈，吃饭的时候不要放鸡精进去，对身体不好，那箱东西拆了就拆了，没事，但是别吃。"没想到婆婆情绪很激动，一直在那说："屋里东西哪些能动哪些不能动你也不说，我们怎么知道？我收拾东西帮你打扫卫生，不指望你能干活。那东西放阳台上不行，箱子都是热的，东西变质了，保质期就几个月……"婆婆啰嗦起来没完没了，她根本就插不上话，她一开口，婆婆就提高声调，完全不给她解释的机会。她说："没有关系，不要吃就行了，原来是送人的，那东西吃了不好。"她关门进卧室了，然后她丈夫出去了，他是个特别孝顺的人。婆婆的唠叨还在继续，用的是家乡话，她听着好像说她不爱干净和把她儿子拉扯大不容易之类的话。

她在房间里面实在是憋屈，就坐在电脑桌旁发呆。丈夫进来了，她还没有反应过来，他就把电脑的线全拔了，然后把她的头使劲往一边按，把她提到床上，在她的肩膀和背上打了几拳。这时她才反应过来，开始大叫："我要离婚！"因为他们以前有约定，如果出现家庭暴力的话就离婚。后来，丈夫的父母闯进房间把他拉了出去。然后他进来跪在她的床边，哭了好一阵子，请求她的原谅，要她放弃离婚的想法。

她相信他是爱自己的，他们一起吃了很多的苦，双方家庭都比较困难，两个人互相扶持走到现在不容易，共同经历了数不清的风风雨雨。但是回想起他那恐怖的表情和落在身上的拳头，她觉得原来人都是会变的。她不想原谅他，再三考虑后，她把一纸离婚协议递到了丈夫的手里。

丈夫一时冲动打了她，也打掉了两个人的婚姻，一家人原本可以和和美美地过，转眼间幸福却因为一次矛盾而烟消云散，况且一切只是个误会。七年的感情不容易，人生能有几个七年，来之不易的情感何必轻易说放弃？这个悲剧难道不值得我们记取吗？

原谅对方，放下误解、偏执和纠结，让那些不愉快、那些情感世界的伤痛成为过去，给它画上一个句号，也许明天的生活会更美好！

错过了太阳，还有月亮

错过了这份爱，还有另一份爱在等着你。错过了火红的太阳，还会有皎洁的月亮；错过了月儿，还会有明亮的星星；错过了星儿，还会有闪耀的萤火虫；错过了萤火虫，还有心底那盏灯。只要你怀有信念，只要你有勇气和力量，只要你对生活还充满着热情，你的生活就会充满阳光。

一、错过了，就放开

错过，就像是公交车，你刚赶到，它就已经开走了；错过，就像是一朵含苞待放的花朵，还没有来得及开放，就已经凋落了。错过，它让我们平凡的人生多了一份刻骨铭心的记忆。

很多人都曾拥有过一份真挚的爱，可是都没有好好地珍惜，最后错过了，成为毕生的遗憾。很多人当初的爱情都是爱深深，情切切，直至爱情成伤，成为一生的伤痛。

每一个人都明白，能够相遇是一份美丽的意外，能够相爱是上天所赐予的恩宠，相爱了，就不要轻易地放手，不要随便说分手。这些道理谁都明白，可是做起来却很难。

既然已经错过了，就不要再挽回，不要再黯然神伤。人生还没有完结，前面还有很长的路，还有一片辽阔的天空，不要苦苦地去追寻过去的岁月。前方或许有更适合的爱情在等着你，只要勇敢地踏出了第一步，就会离幸福近一步。有一句话是这样说的：“谁都不是谁的谁。”是的，谁就一定是属于你的呢？错过了也没有什么，也许只有这样你才会懂得如何去珍惜，懂得适时地坚持与放弃，在得到与失去中认识你自己。或许你会得到更适合自己的爱。

错过了，就放开它。

错过了，就将它埋在心底，留下美好的回忆。

错过了，就让自己重新开始，更好地把握当下。

收拾好自己的心情，继续向前走吧。对错失的爱你也许会有一点遗憾，会有一丝伤感，可在某一天自己蓦然回首的时候，会突然发现有一份更深的爱在你面前。

二、错过了一班车，还有下一班

有一次，她和他一起去旅游，可是在路上他们吵架了。她任性地把他丢在车上，自己没到目的站就下了车，她就这样失去了他。失去了永远也找不回来，她后悔，可是一切都已经不能挽回了。她每天都沉浸在痛苦之中。

时过境迁，她又遇到了另外一个人。他像以前的他那样不管从任何地方回来，都不会忘记给她带些小礼物，哪怕只是一件小小的挂件，可是她心里怎么也没有以前那种幸福的甜蜜感。有时她还会莫名其妙地向他任意发火，而他却会一如既往地关心她、理解她、包容她。她跟他在一起，没有任何思想负担，总是自由自在的。她跟他生气、闹别扭，不要他再跟着她，可是无论如何他也不会甩下她，他会悄悄地跟在她的身后，直到她到达目的地，他才会悄悄地离开，他说他愿意做她一辈子的尾巴狗，永远在她的身后保护她。她被他的话深深地感动了。

有一次，以前的事又重演了，她把他丢在了车上。她站在街上很害怕，她害怕会像是以前一样的结局。这时，她的手机响了，是他打来的，他焦急地问道："你在哪里？你不要乱跑，我去找你。"她听话地站在原地，等待着他，不停地向人群中望去，希望他能够快点到来。他终于找到了她，她流着泪向他扑过去，她已经深深地爱上了他。她知道他就是那个会全心全意陪自己走下去的人，他有着那么宽阔的胸襟，有着那么大的耐心，来容纳她的任性。她高兴时他会陪着她疯狂地开怀大笑，她生气时他会任由她向自己发火，而这些都是以前的那个他做不到的。她已经完全从以前的悲痛中走了出来。

在你错失了这班车时，不要忘了还有下一班车会到来，既然错过了，就选择坐下一班车。不管哪一班车，你总会到达终点的。

错过了，就不要再去坚持心中的那份执着，也许后来你就会发现：原来那个人不是我的最爱，也不是我的骄傲。

人都会有错过，然而，有时当你错过一棵树的时候，就意味着你得到了整个森林。所以，即使你真的错过了，也不要遗憾。爱过了、痛过了，才会懂得如何去保护自己；傻过了、错过了，才会懂得适时地坚持与放弃。学着放弃，在落泪以前转身离去；学会放弃，将泪水哽咽在心底；学会放弃，彼此都能重新开始。

第五章　面对友情的抉择

选择朋友就是选择人生

林肯曾说过一句话："从某种意义上说，你选择了什么样的朋友，便选择了什么样的人生。"就像三国时蜀主刘备，如果当初没有他在桃园与关羽、张飞结为兄弟，又在隆中三顾茅庐选择卧龙诸葛亮，就很难建立蜀汉帝业。

一个人选择什么样的朋友，对自己的思想、品德、情操、学识都有很大的影响。俗话说，"近朱者赤，近墨者黑"，"近贤则聪，近愚则聩"。古人很重视对朋友的选择。孔子曰："君子慎取友也。"品德高尚的人，历来受人推崇，也是人们愿意结交的对象。而品德低劣的人，却常常被人所鄙视，当然也不排除"臭味相投"的"酒肉朋友"。

实际上，每个人不管自觉或不自觉，他们交朋友总是有自己的标准。明代学者苏竣把朋友分为"畏友、密友、昵友、贼友"四类，如此划分便可明白；畏友、密友可以知心、交心，互相帮助并患难与共，是值得深交的；那些互相吹捧、酒肉不分的昵友，口是心非，当面一套，背后一套，有利则来，无利则去；还有乘人之危损人利己的贼友，也是无论如何不能结交的。

法国科学家法拉第说："如果你想了解你的朋友，可以通过一个与他交往的人去了解他。因为一个饮食有节制的人自然不会和一个酒鬼混在一起；一个举止优雅的人不会和一个粗鲁野蛮的人交往；一个洁身自好的人不会和一个荒淫放荡的人做朋友。和一个堕落的人交往，表示自身品位极低，有邪恶倾向，并且必然会把自身的品格导向堕落。"有一句西班牙谚语：

"和豺狼生活在一起，你也能学会嗥叫。"

即使是和褊狭、自私的人交往，也可能是危害极大的，可能会让人感到生活单调、乏味，形成保守、自私的性格，不利于勇敢、刚毅、心胸开阔品格的形成。甚至很快就会变得心胸狭隘，目光短浅，丧失原则性，遇事优柔寡断，安于现状，不思进取。这种精神状况对于想有所作为的人来说是致命的。

与那些比自己聪明、优秀或经验丰富的人交往，我们或多或少会受到感染和鼓舞，增加生活阅历。

与优秀的人交往，就会从中吸取营养，使自己得到长足的发展；与品格高尚的人交往，你会感到自己的思想得到了升华，自己的心灵也被照亮了。

印度传教士马丁当年被认为是一个相当愚笨的学生，但他父亲还是决定让他接受大学教育。在剑桥大学里，马丁认识了一位在初级中学的伙伴。

从此以后，这位稍长的学生成了马丁的指导教师。马丁能够应付自己的学业，但是仍然容易激动，脾气暴躁，偶尔会发泄自己难以抑制的愤怒。但他这位年纪稍大的朋友却情绪稳定，富有耐心。他时时刻刻照顾、指导和劝勉马丁。他不允许马丁结交邪恶的朋友，劝他认真学习。"这不是要得到别人的称赞，而是为了上帝的荣耀。"这位朋友的帮助使马丁在学习上进步很快，在第二年圣诞节的考试中他名列年级第一名。

后来，马丁成了一位传教士，给了很多人无私的帮助。

美国文学家爱默生说："那些到一个新国家定居的人，一个善良可信的人抵得上一百个虚伪而不讲信用的人，抵得上十个没有品格的人。"

如果马克思没有选择恩格斯这位真诚的朋友，他恐怕就不会在社会科学领域里建立起他的理论学说，也就不会有伟大的著作《资本论》。

所以，和那些优秀的人接触，你会受到良好的影响。

俗话说："物以类聚，人以群分。"志同道合，情趣相投，是择友的一个标准。志向不同，情趣有别，友谊不可能长久，早晚分道扬镳。"管宁割席"的典故就是个典型例子，管宁热衷读书做学问，而华歆则热衷于官场名利，两人缺乏做朋友的共同思想基础，割席而坐是必然的。

孔子说："与善人居，如入芝兰之室，久而不闻其香。与恶人居，如入鲍鱼之肆，久而不闻其臭。"墨子有更形象的比喻，他把择友比作染丝，"染于苍则苍，染于黄则黄，所入者变，其色亦变，五入必已，则为五色矣。故染不可不慎也！"因此，与高尚的人在一起，你也会感染上他的气质。

"朋友多了路好走"，好朋友越多，我们受益越多，我们的人生才会越走越宽阔。

朋友是你一生的财富

朋友能够慰藉你的精神，使你的身心得到更大的快乐，督促你道德上的提高。在与朋友交往的过程中，你能够得到人生的感悟，受到心灵的启迪。在陶冶情操、勉励人格的同时，也会让你的人生变得更加丰富多彩，情趣盎然。

一个真正的朋友，会在思想上与你接近，也能够理解你的志趣，了解你的优势和弱点。他会鼓励你全力以赴地做好每一件正当的事，消除你做任何坏事的不良念头，为你增加无穷的能量与勇气，让你以"不获成功决不罢休"的精神，积极地度过生活的每一天。

一个见识过人、能力很强的人，即使目前看上去已经事业有成，但是如果没有几个真正的朋友，那就不能称得上是成功。因为，"一个人是否成功很大程度上取决于他择友是否成功"。

社会中有许多靠着朋友的力量而成功的人，如果一一研究他们的成功过程，你会发现，朋友是一笔多么巨大的财富。一位作家说过："谁也无法单枪匹马在社会的竞技场上赢得胜利、获得成功。换句话说，他只有在朋友的帮助和拥护下，才不至于失败。”

和你的朋友在一起不但可以陶冶性情，提高人格，他们还可以在各方面给你带来帮助。

你的朋友信任你，那是一种极大的快乐，能使你的自信得到增强。如果你的朋友们——特别是已经成功的朋友们——一点都不轻视你，并能绝对地信任你，他们认为，你的才能完全是能够成功的，是完全可以创下一番有声有色的事业的，那么，这对于你来说不啻于一剂激励你奋发有为的滋补药。

当许多胸怀大志者正在惊涛骇浪中挣扎，在恶劣的环境中奋斗，希望获得立足之地时，倘若他们突然知道有许多朋友恳切地期待着他们的成功，那么这个时候，他们将变得更有勇气、更有力量。

有些命运坎坷、经历无数艰难险阻的人，当在奋斗的路途上心灰意冷、不再前行时，会突然想起他那亲如手足的朋友来，他的朋友不是拍着他的肩膀，告诉他不要让大家失望吗？这时奋斗者往往又重新振作起精神来，重新以百折不挠的意志力和无限的忍耐力继续去争取他们的成功。

尊重和珍惜自己的朋友，用你的真心积极地与朋友沟通；悉心听取朋友的见解和忠告，把他们当成你前进路上的参考。多一个朋友，就多了一分能量和智慧，他能为你分担痛苦，分享快乐，也能减轻你的痛苦，放大你的快乐，生活会因此而充满乐趣。珍惜你的朋友吧，那将是你一生用之不尽的财富。

择友就择诤友

人的一生受到朋友的影响是相当大的，很多人因为朋友而成功，也有很多人因为朋友而失败，甚至因为朋友而倾家荡产，妻离子散。

如果害怕因择友不慎而失败，那不交朋友可以吧？

事情并不是那么简单，因为没有朋友，也就差不多无路可走，寂寞一生了，即使你紧闭心扉，当有人来敲你的心门时，你应还是不应？应的话，可能那是个坏朋友；不应的话，可能失去一个好朋友。

因此，你总是要面对“交朋友”这个问题的。交到好的朋友，你可能会受益一生，得到无限的乐趣，至少不会受到伤害。而若交到坏的朋友，则会因此而走入歧途。

千人千脾气，万人万模样。人有很多种，在对待朋友的态度上也有很多种类型，有每天说好话给你听的，有看到你不对就批评、指责你的，有热情似火、喜欢奉献的，也有冷漠如冰、只考虑个人利益的；有憨厚的，也有狡诈使坏的……

这么多类型的朋友，好坏很难分辨，而当你发现他坏时，常常是来不及了，因此平时的交往经验极为重要。

不过有一种类型的朋友肯定是值得交往的，那就是会批评、指责你的朋友。

和只会说好话的朋友比起来，那些只知道批评、指责你的朋友是令人讨厌的，因为他说的都是你不喜欢听的话。你把自认为得意的事情跟他说，他偏偏泼你冷水；你把满腹的理想、计划对他说，他却毫不留情地指出其中的问题，有时甚至不分青红皂白地就把你做人做事的缺点数说一顿……反正，从他嘴里听不到一句好话。

但是这种朋友，如果你放弃，那就太可惜了。

基本上，很多人都是宁可说好听的话让人高兴，也不说难听话让人讨厌。说好听话的人不一定都是“坏人”，但如果站在朋友的立场，只说好听话，就失去了做朋友的意义了；明明知道你有缺点而不去说，这算是什么朋友呢？如果还进一步“赞扬”你的缺点，则更是别有用心了。这种朋友就算不害你，对你也没有任何好处，大可不必浪费时间和这样的人交往。

但实际上的情形如何呢？很多人碰到光说好话的朋友便乐陶陶，不辨是非了；其实他们顺着你的意思说话，让你高兴，很多时候为的就是你的利用价值，很多人被朋友拖累就是这个原因。

比较起来，那些光说难听话的朋友就真实多了。这种人绝对无求于你，他的出发点是为你好，这种朋友是你真正的朋友。

也许你不相信我所说的，那么想想父母是如何对待子女的吧。

一般父母碰到子女有什么不对，总是责之骂之；子女有什么“雄心壮志”，也总是想办法替他踩踩刹车，不让他脱缰而去。为的是什么？是为子女好，怕子女受到伤害，遭到失败。这是为人父母的至情，只有父母才会这么做。

朋友的心情也是如此的，否则他为何要惹你讨厌？

只有经常批评、指责你的人才是你人生的导师。

要讲客套，不能不给朋友面子

许多人在生活中往往有这样不正确的认识：关系比较好的朋友之间无须讲究客套。他们认为，关系比较好的朋友彼此熟悉了解，亲密信赖，如兄如弟，财物不分，有福共享，讲究客套太拘束，也太外道了。其实，他们没有意识到，朋友关系的存续是以相互尊重为前提的，容不得半点强求、干涉和控制。彼此之间，情趣相投、脾气对味则交；反之则绝。朋友之间再熟悉，再亲密，也不能太过随便，不讲客套，这样，默契和平衡将被打破，友好关系将不复存在。因此，对关系非常好的朋友也要客气有礼，可以不强调自己的“面子”，但不可以不给朋友面子。

和谐深沉的交往，需要充沛的感情为纽带，这种感情不是矫揉造作的，而是真诚的自然流露。当然，我们说好朋友之间讲究客套，并不是说在一切情况下都要僵守不必要的烦琐的礼仪，而是强调好友之间相互尊重，不能跨越对方的禁区。

每个人都希望拥有自己的一片小天地，朋友之间过于随便，就容易侵入对方的禁区，从而引起隔阂和冲突。譬如，不问对方是否空闲、愿意与否，任意支配或占用对方已有安排的宝贵时间，一坐下来就滔滔不绝地高谈阔论，全然没有意识到对方的难处与不便；一意追问对方深藏心底不愿启齿的秘密，一味探听对方秘而不宣的私事；忘记了“人亲财不亲”的古训，忽视朋友是感情一体而不是经济一体的事实，花钱不记你我，用物不分彼此；凡此等等，都是对朋友的不尊重，偶尔疏忽，可以理解，可以宽容，可以忍受。若长此以往，则必生间隙，导致朋友的疏远或厌倦，友谊的淡化和恶化。因此，关系比较好的朋友之间也应讲究客套，恪守交友之道。

对朋友放肆无礼，最容易伤害朋友，其表现有如下种种。

一、过度表现，言谈不慎，使朋友的自尊心受到挫伤

也许你与朋友之间无话不谈，十分投机，也许你的才学、相貌、家庭、前途等令人羡慕，高出朋友一头，这使你不分场合，尤其是与朋友在一起时，会大露锋芒，表现自己，言谈之中流露出一种优越感，这样会使朋友感到你在居高临下对他说话，在有意炫耀抬高自己，他的自尊心会受到挫伤，敬而远之。所以，在与朋友交往时，要控制情绪，保持理智，态度谦逊，虚怀若谷，把自己放在与人平等的地位，时时注意对方的感觉和情绪。

二、彼此不分，违背契约，使朋友对你产生防范心理

有的人常错误地以为“朋友间不必分彼此”。对朋友之物，你若不经许可便擅自拿用，不加爱惜，有时迟还或不还。朋友碍于情面，一次两次不好意思指责，久而久之，则会使朋友认为你过于放肆，从而产生防范心理。实际上，朋友之间除了友情，还有一种微妙的契约关系。以实物而言，朋友之物可随时借用，这是超出一般人关系之处，然而首先要有一个观念：“这是朋友之物，更当加倍珍惜。”“亲兄弟，明算账。”要把珍重朋友之物看作如珍重友情一样重要。

三、过于散漫，不拘小节，易使朋友对你产生轻蔑和反感

朋友之间，谈吐行动理应直率大方，不矫揉造作，方显出自然本色。但过于散漫，不重自制，不拘小节，则使人感到粗鲁庸俗。也许你和其他

人相处会以理性自约，但与朋友相聚则忘乎所以：或指手画脚，或信口雌黄、海阔天空，或在朋友说话时肆意打断，讥讽嘲弄，或顾盼东西，心不在焉，朋友会觉得你有失体面，没有风度和修养，自然会对你产生一种厌恶轻蔑之感，改变了对你的原来印象。所以，在朋友面前应自然而不失态，做事说话有分寸，有节制。

四、随便反悔，不守约定，朋友会认为你不可信赖

你也许不那么看重朋友间的某些约定，对于朋友的活动总是姗姗来迟，对于朋友之求当时爽快应承，过后又中途变卦。也许你真有事情耽误了一次约好的聚会或没完成朋友相托之事，也许你事后轻描淡写解释一二，认为朋友间应当相互谅解宽容，区区小事何足挂齿！殊不知，朋友们会因你失约而心急火燎，扫兴而去。也许他们当面不会指责，但必定会认为你在玩弄朋友的友情，是反复无常、不可信赖之辈。所以，对朋友之约或之托，一定要慎重对待，遵时守约，要一诺千金，切不可言而无信。

五、乘人不备，强行索求，朋友会认为你太霸道

当你有事需求人时，关系非常好的朋友当然是你求助的第一人选。若你事先不作通知，贸然登门提出所求，或不顾对方是否情愿，强行拉他与你同去参加某项活动，都会使对方感到为难。对方如果已有活动安排就更难堪。对你所求，若答应则打乱自己的计划，若拒绝又在情面上过意不去。或许他表面上乐意而为，但心中却有几分不快，认为你太霸道，不讲道理。所以，你对朋友有所求时，必须事先告知，采取商量口吻讲话，尽量在对方无事或情愿的前提下提出所求，同时要记住：己所不欲，勿施于人。

六、不知时务，反应迟缓，使朋友对你感到厌嫌

当你上朋友家拜访时，若遇上朋友正在读书学习，或正在接待客人，或准备外出等，你也许自恃挚友，一坐半天，夸夸其谈，喧宾夺主，不管人家早已如坐针毡，极不耐烦了。这样，对方一定会认为你不识时务，不近人情，以后会想方设法躲避你，害怕你再打扰他的私生活。所以，每逢

此时此景，你一定要反应迅速，稍稍寒暄几句就知趣告辞，珍惜对方的时间和尊重朋友的私生活如同珍重友情一样可贵。

七、用语尖刻，乱寻开心，使朋友感到你可恶可恨

有时你在大庭广众面前，为炫耀自己能言善辩，或为哗众取宠逗人一乐，或为表示与朋友之间“亲密”，乱用尖刻词语，尽情挖苦嘲笑朋友，大出其洋相以搏人大笑，获取一时之快意，竟不知这样会大伤和气，使朋友感到人格受辱，后悔误交了你。也许你还不以为然，认为朋友之间开个玩笑何必当真，殊不知你已先损伤了朋友之情。所以，关系比较好的朋友相处，尤其在众人面前，应和蔼相待，互敬互尊，切勿乱开玩笑，用恶语伤人。

获得别人好感的方法——牢记别人的姓名

吉姆·法里从来没有进过一所中学，但是却成了美国邮政总局局长。他成功的秘诀在哪里呢？原来，他有一种记住别人名字的惊人本领。

一次，卡耐基去访问他，向他请教：“据说你可以记住1万个人的名字。”

“不，你弄错了，”吉姆·法里说，“我能叫出5万个人的名字。我在为一家石膏公司推销产品的时候，学会了一套记住别人名字的方法。”

吉姆·法里说，这是一个极其简单的方法。他每当新认识一个人，就会问清楚他的全名、家里的人口，以及干什么行业、住在哪里。他把这些牢牢地记在脑海里。即使一年以后，他还是能够拍拍别人的肩膀，询问他太太和孩子的情况。难怪有这么多人拥护他！

吉姆·法里说："记住人家的名字，而且很轻易地叫出来，等于给别人一个巧妙而有效的赞美。因为我很早就发现，人们对自己的姓名看得惊人的重要。"

或许，这就是吉姆·法里成为邮政局长的奥秘之一。他看到了人性的一个共同点：每个人都对自己的名字非常重视。

安德鲁·卡内基被称为钢铁大王，但他自己对钢铁的制造懂得很少。他手下有好几百个人，都比他了解钢铁。可是他知道怎样为人处世，这就是他成功的原因。小时候，他就表现出很强的组织才华和领导才能。10岁的时候，他就发现人们对自己的姓名看得很重要。而他正是利用这个发现，赢得了与别人的合作。

孩提时代时，有一次，他抓到一只兔子，那是一只母兔。他很快又发现了一整窝的小兔子，但没有东西喂它们。于是，他想出一个很妙的办法。他对附近的那些孩子们说，如果他们找到足够的苜蓿和蒲公英喂饱那些兔子，他就以他们的名字来替那些兔子命名。

这个方法太灵验了，卡内基一直忘不了。好几年之后，他在商业界利用这一点，赚了好几百万美元。

当卡内基和乔治·普尔门为卧车生意而互相竞争的时候，这位钢铁大王又想起了那个为兔子命名的故事。

双方都拼命想得到联合太平洋铁路公司的生意，你争我夺，大杀其价，以至毫无利润可言。卡内基和普尔门都到纽约去见联合太平洋的董事长。有一天晚上，两人在圣尼可斯饭店碰头了。卡内基说："晚安，普尔门先生，我们岂不是在出自己的洋相吗？"

"你这句话怎么讲？"普尔门问道。

于是，卡内基把他心中的话说出来——把他们两家公司合并起来。他把合作而不是互相竞争的好处说得天花乱坠。普尔门注意地倾听着，但是他并没有完全接受。最后，他问："这个新公司要叫什么呢？""以你的名字命名怎么样？"结果，他们达成了协议。

安德鲁·卡内基这种记住并重视自己朋友和商业人士名字的方法，是他领导才能的秘密之一。他以能够叫出公司许多员工的名字为骄傲。他很得意地说，当他亲任主管的时候，他的钢铁厂未曾发生过罢工事件。

获得别人好感的方法既简单又重要，就是牢记别人的姓名。善于记住别人的姓名，既是一种礼貌，又是一种情感投资。姓名是一个人的标志，人们由于自尊的需要，总是最珍爱它，同时也希望别人能尊重它。在人际交往中，记住别人的姓名可谓小事一桩，但往往能收到超乎寻常的效果。

善于结交各式各样的朋友

在纷繁的大千世界，选择朋友不是一件容易的事。"万两黄金容易得，知心一个也难求"的老话，是极言交友之难。但是不是因此就要少交朋友呢？或者一强调交友的审慎，就认为这个也不可靠，那个也信不过呢？当然不是。人处在各种社会关系之中，交友是必然的，不但要有生死与共、患难不移的朋友，也要善于和有各种缺点、错误甚至是反对自己的人交朋友。

"兼听则明，偏听则暗。"结交不同职业、不同爱好、不同身份的朋友，对于取长补短，开阔视野，活跃思维，都是有益的。毛泽东的经历是很发人深省的。他胸怀博大，善于结交各种各样的朋友。在青少年时期，他和蔡和森、陈潭秋等人组织了新民学会，结交了一大批有志之友。投身革命后，在他身边有朱德、周恩来等一批亲密战友。同时，毛泽东也有许多平民朋友，民主党派的朋友，如李淑一、周士钊、柳亚子等，都和他结下了深厚的情谊。通过这些朋友，他得以广泛地了解社会各阶层党派的情况，为制定党的方针政策，为发展统一战线，作出了巨大贡献。

既要广泛交友，又要审慎选择。如何做到这一点呢？正如鲁迅先生曾经说过的："我还有不少几十年的老朋友，要点就在彼此略小节而取其大。"略小节，取其大，就是不斤斤计较不足，而要从大处着眼。看人首先看大节，不是盯住对方的缺点、错误不放，而是用发展的、变化的观点看人。否则，就不能全面地、客观地评价一个人，就可能一叶障目，不识泰山，就可能把朋友推开，得不到真正的友谊。

古语云："君子之交淡如水，小人之交甘若醴。"这仍应成为我们今天的交友之道，同事之间的交往也要摒弃庸俗的旧习，不要把友谊浸在利己主义的杯水中，让友谊的春风扫荡那些阴霾污浊之气，吹进每个人的心扉。

有些朋友应尽早断绝往来

断绝与朋友的交往是一件十分痛苦的事情，可是对于某些人来说，藕断丝连必受其害，当断不断必遭其乱。当你通过交往，对这一实际情况有了清晰的把握之后，就应该长痛不如短痛，在友情的大道上来一个急刹车。心理学家认为，应尽量断绝与下列朋友的往来，珍惜你的时间、精力和金钱，去做你应该做的更重要的事情。

一、靠不住的朋友应断交

交朋友时应注意两厢情愿，不要强求。朋友的类型有多种，但友情是互相的，即你的付出应有相应的回报，朋友之间应互爱互重，互谅互信。

有些朋友在短期内似乎与你关系不错，若时间一长你发现他靠不住、不可信赖，在这种情况下应当机立断，与之断交。

二、志不同道不合即分手

真正的朋友，需有共同的理想和抱负，共同的奋斗目标，这是两人结交的基础。如果两人在这些方面相差极大，志不同道不合，是很难有相同话题的，兴趣也必然不同，这样两人在交往时只能互相容忍，无法互相欣赏，因此不如分手。

三、俗友不深交

朋友之间的谈话多多涉及兴趣、爱好、志向及对某一事的看法。如果朋友只跟你谈物质利益，谈钱，则可将之归于“俗友”之列。“俗友”对你虽无大害，但长期交往下去，一则浪费你的时间，二则难免使你变“俗”，因此不宜深交。况且这种“俗友”一般很现实，当你处于危难之时他不会对你伸出援救之手支持你、帮助你。对这种朋友，仅做一般应付即可。

四、悖人情者不应交

亲情、爱情都是人之常情，如果一个人的行为显示出他对待亲人、爱人的态度十分恶劣，那么这种人是不能交往的。这种人往往极端自私，为达目的不择手段，并惯于过河拆桥、落井下石，因此这种人不可交。

五、势利小人不屑交

如果某人是非常势利、见利忘义的小人，那么这种人是不适合做朋友的。

势利小人的一个通病是：在你得势时，他锦上添花；当你失势时，他落井下石。他不懂得什么是真诚，只考虑自己的利益，因此，这种人不能交往。

六、两面三刀不能交

有的人惯于表面一套，背后一套，对这样的人应该小心对待，更别说跟他交朋友了。

《红楼梦》里的王熙凤，被人称为“明里一盆火，暗里一把刀”，表面上对尤二姐客套亲切，背地里却置之于死地，与这样的人交往时，应多注意他周围的人对他的反映，不然他会令你大吃苦头。

以德礼士，广招贤才

做大事需要有帮手。取得最广泛的支持，不是一件简单的事，它需要有人为你出谋划策，也需要有人去执行。一个人再神通广大，也无法事必躬亲，没有得力的人相助，注定难以成功。所以，我们要像淘金一样去挖人才，挖得越多越好，越广越佳。如果你身边簇拥着众多的能人，你就等于拥有了一笔巨大的财富，拥有了迈向成功的法宝和靠山。

三国时代人才辈出。人们谈论三国时常说：“曹操挟天子以令诸侯，占了天时；孙权雄踞江东，占了地利；刘备既无天时也无地利，靠的是人和。”

确实如此。论个人才干，刘备并非一流人物。他的才能极平常，但他却成就了一番大事业，靠的正是众多的人才。他的个人品德具有感召力，众多的有名人物聚集在他周围，如诸葛亮、庞统、徐庶、关羽、张飞、赵云、马超、黄忠等。刘备靠众人的力量而崛起并雄霸一方，建立了蜀国，成为千古风流人物。

以个人品德来感召众人，所谓“远得人心，近得民望”，是刘备成功的一个重要方面。如果没有这种潜在的道德形象与道德感染力，刘备不可能创立蜀国。

刘备知人善任，能够礼贤下士，对人才能推心置腹，始终信任。这是他能够依靠众多人才的重要保证。

刘备在遇到诸葛亮之前，一直是屈身守分，以待天进。他一直没有自己固定的地盘，没有多少兵力，更没有政治势力，总是辗转于他人门下，四处奔波劳碌，一无所成。

刘备暂依刘表时，得遇司马徽。司马徽问刘备：“吾久闻明公大名，何故至今犹落魄不遇也？”刘备说：“命途多蹇，所以至此。”司马徽说：“不是这样。只是因为将军左右不得其人。”随后，司马徽向刘备举荐了卧龙、凤雏。

刘备同关羽、张飞来到隆中，爬上卧龙岗，找到几间茅草房。刘备下马敲门，一位小童出来答话。刘备说：“刘备前来拜见卧龙先生。”小童说：“先生不在家，一早就出门了。”刘备问：“往哪儿了？”小童说：“踪迹不定，我不知道他上哪了。”刘备再问：“什么时候回来？”小童不耐烦了：“我不知道。”刘备只得请小童转告诸葛亮，率关、张离开了卧龙岗。

几天后，刘备派人打听到诸葛亮已回，便决定再次拜访。这天寒风刺骨，下着大雪。张飞不耐烦了，不愿意去见诸葛亮。刘备耐心解释：“我正要让诸葛亮和天下众人知道我殷勤之心。”三人顶风冒雪，来到卧龙岗，可惜诸葛亮外出会友了。刘备怏怏而返。

又过了些日子，刘备决定三访诸葛亮，关羽、张飞反对，刘备耐心解释，他们才同意一起去拜访诸葛亮。

诸葛亮被刘备的诚意所打动，迎接刘备进屋，询问刘备多次来访的意图。刘备说：“汉朝衰败，奸臣窃取政权。我不自量力，但只想为天下伸张正义，完成统一大业，恢复汉朝统治。过去我因智谋短浅，无所成就。希望你启迪我，筹划大业。”诸葛亮随即说出具有决定历史进程的一段话。他首先分析了曹操和孙权的情况。接着，他又分析荆州刘表和益州刘璋的情况。最后，他又针对刘备说：“你是皇帝的后代，信义扬于天下，你可以借助这些优势广泛招集众多的贤人名士，要思贤若渴，如果你能占据荆州、益州，在要地设防，西和诸戎，南抚彝、越，外结孙权，内修政治，一旦局势变化，你可命令一位上将率领荆州的部队向宛城进军，你亲自率领益州的大军出秦川，到那时，百姓谁不携食捧酒迎接你呢？如果真能这样，统一全国的大业就能成功，衰败的汉朝就可以复兴了。这就是我为你谋划的计策，望你采纳。”一席话说得刘备茅塞顿开。诸葛亮这一番话确立了三分天下的定式，确立了刘备的政治前景与纲领。

刘备再三恳请诸葛亮出山，诸葛亮见刘备意诚，终于接受了邀请。刘备得诸葛亮就似鱼儿得水。从此，诸葛亮鞠躬尽瘁，死而后已：博望烧屯、火烧新野、屡败曹操、舌战群儒、联孙抗曹、取得赤壁大捷、奠定三国鼎立局势……为蜀国立下汗马功劳。刘备也从此始终敬爱信任诸葛亮，临死前，把太子刘禅托付给诸葛亮。

我们可以说，刘备礼贤下士的做法，无形之中起到了一种“形象”的作用。

如果刘备不礼贤下士，不三顾茅庐，不请出诸葛亮，不但四处奔劳、一无所成，空余惆怅悲叹，而且后来也不会有那么多人才投到他的门下。

历代杰出的有作为的帝王都很注重揽集人才为自己的政权服务，而在现代社会中，事业要发展，也必须注重人才，把众多优秀的人才揽聚在自己的周围。美国福特汽车公司的老板在用人方面就曾留下了一段佳话。

1923年，福特公司里一台新安装上去的大型电机不能正常运转，请来的几位技工都查不出毛病所在，眼看要影响整个生产计划了，福特很是着急。

这时，他的助手打听到有一位从德国来的移民科学家斯特曼斯对电机很内行，现在一家小型工厂工作。福特急忙叫助手请来这位德国科学家。

斯特曼斯让电机不带负荷、空行运载，然后扑在电机旁听了半天，又爬上电机听了半天，再前后左右反复听，最后拿了一截粉笔，在电机的左边一小长条地方画了两道杠杠，对福特说：“毛病出在这儿，多了16圈线圈，拆掉多余的线圈就行了。”

果然，照他讲的去做，电机正常运转了。古板而神经质的斯特曼斯提出要1万美元的酬金，这时人们又惊住了，人们怎么也不愿把16圈线圈与1万美金等同起来。

斯特曼斯面对生气的人们淡淡一笑，说："用粉笔画一条线值1美元，而知道在哪里画线值9999美元。"

福特表示自己愿意高薪聘他来公司工作，其待遇之高令常人吃惊。谁想，这位德国科学家却不为所动，他解释说，他现在的公司对他很好，在他最困难的时候，这家小公司救了他，现在他不能背弃公司。听了这话，福特更坚定了非要将这位不但技术高超而且又讲信用的、重情义的人挖过来的决心。

后来，福特为了这个人才，他竟花巨资将那位德国科学家工作的小公司整个买了下来。这一举动使他爱才之名远扬海内外，各处贤才闻讯纷纷前来投奔。福特公司选了一大批有用之才充实到各个部门。从此，福特公司逐渐兴旺发达。

学会与"怪"人友好相处

人在社会中行走。必然遇到各种各样的人，有人脾气随和，很好相处，有人脾气怪、个性强。面对那些个性比较奇特的人，如何采取恰当的方式与之好好相处就是一门高深的学问。

一、应对我行我素的人

这类人常常冷若冰霜，面对别人送上的笑脸爱理不理。一般我们与这种类型的人初次接触有碰壁之感，便不再愿与这类人打交道。其实这种个性有点怪的人，并非冷漠，他们同样有自己关心和追求的事，只是不为别人了解。与这种类型的人接触，需要我们多花费一些工夫观察，关心他们所关心的事，切记不要破坏别人内心的平静，逐渐地让对方感受到你的关心，便会取得可能交往的机会。

二、应对疑心重的人

猜疑心特别重的人虽然不多，但在社交场合，还是有可能遇到这种人的。猜疑心特别重的人，多是趋向于内心活动的人。他们常常会拿朋友间的一句话或一个词句,往自己身上拼凑。结果,这句话就成为对方有意抨击、讥讽他的话。本来是没有的事，一经猜疑心重的人拼凑，就成为一件“事实”，等到朋友知道了，常常被弄得哭笑不得。

对于这种猜疑心重的人，我们与他们交往，必须事事就大处来论，千万不要在他面前批评别人。碰到猜疑心重的朋友跟别人有争执时，自己最好别参与意见，因为猜疑心重的人，就算你站在他这一边说话，也可能招致误会。要是不小心被他猜疑，你应尽快诚恳地解释，以免误会加深。另外，对这样的人不可太过冷落，否则更容易引起他的疑心。如果平时联系比较少，可以在过年过节时发条信息问候一下，以维持你们之间的友谊。

三、应对个性清高的人

这类人目中无人，平时表现出“唯我独尊”的高傲。与他们交往，往往会因为对方的举止无礼和态度傲慢而让人难以接受。但是很多时候，我们不得不与这种人接触。与这种类型的人接触，需要我们能够掌握一些方法，尽可能干脆表达自己的要求或者看法，让对方认为你是一个简单直接的人，也是一个干脆的人，从而能够放下自己的架子。

四、应对违背常规的人

这种人凡事与别人想法不一致。有些人说话做事的习惯非常有个性，不管规矩，也不管别人怎么看，时常会做一些与人们习惯相背的事。表面看起来，这样的人有些“不正常”，而事实上，这样的人往往有着过人的智慧，他们不被世俗约束，敢于突破陈规，仔细想来他们的做法实际上非常有道理。

庄子的妻子死后，友人前往吊唁，惊奇地发现庄子正坐在那里伸长双腿，悠闲地敲着瓦钵，口中念念有词地在唱歌。

友人非常奇怪，责问道：“大嫂和你一起生活了几十年，为你生儿育女，现在她死了，你不但没有眼泪，还把自己弄成这个样子，太过分了吧！”

庄子回答：“哪里！其实她刚死的时候，我还是很悲痛的。后来一想，我再悲痛也是于事无补，她也不可能回来了。何况，人本来就是无生无形无气的东西，人的生死就像春夏秋冬四季，是自然的变化。她现在安然地长眠于天地之间，未尝不是一件值得高兴的事，而我如果在这里号啕大哭的话，那也显得太不通达了。”这段对答甚是绝妙，谁也不能否认庄子反常行为中蕴含的大智慧。

所以，对待这样行为反常的人不能只看表面，一定要从其他角度去考虑，以理解他们的另类智慧，说不定还会对你有所启迪。

五、应对特别吝啬的人

吝啬之人，不论是亲疏厚薄，不论是钱财杂物，纵是锱铢之微，也斤斤计较，属于“拔一毛以利天下而不为焉”那种人。大凡吝啬成性的人，都是贪图小利、拥有资财的人，因此，便有人利用这弱点来与他们应酬，先让他们占一点便宜，等到双方的感情建立了，便借机来达到目的。

当然，这种有目的的结交手段，通常是正直的人不屑去做的。我们对于吝啬成性的朋友，也只能把握时机，常加规劝，以尽朋友的义务，除此之外，就只有以其人之道，还治其人之身。吝啬的人想占取你的便宜，你却处处打消可能给他的机会。这虽然不是交友的方法，但对吝啬成性的人，亦无不可。

哥们儿义气害人害己

某单位火车司机和副司机两人，工作上是长期搭档的伙伴，生活中是亲如兄弟的“哥们儿”。可就因为“哥们儿义气”太重，双方都为此付出了沉重的代价。

一天，两人上夜班执行调车作业，副司机在下半夜精力不济，打起盹来。司机出于“兄弟情谊”没有吭声，心想，自己多辛苦点就是了。谁知，睡意也渐渐向司机袭来，仅一分钟，机车就越过关闭的信号机，造成挤岔事故。事后，两人在总结事故教训时，都后悔不迭地异口同声说：“哥们儿义气害死人！”

所谓“哥们儿义气”，是为了朋友私情而抛弃原则的一种狭隘义气，说到底，是建立在利己主义思想基础之上的：你对我有恩，我对你有义；你给我好处，我给你报答。其实就是这么一种交换关系而已。因此，给有“哥们儿义气”的朋友送上陈毅元帅的一句诗以劝勉：“难得是诤友，当面敢批评。”

下面同样是一个因为讲哥们儿义气而最终把自己送进监狱的事例。

曹某某，男，51 岁，原 ×× 市 ×× 区某镇财政所所长、小康办主任。2002 年因挪用公款罪被判处有期徒刑 5 年。

提起曹某某，在 ×× 区有很多人都知道。他担任镇财政所所长多年，又负责该镇招商引资工作，手中着实有点权力。为人又喜欢结交朋友，愿意给朋友帮忙，因此，他在社会上交了许多“朋友”。“朋友”们提起曹某某也都竖起大拇指，认为这个人“够义气”。

2000 年 8 月的一天，曹某某的一个朋友找到他，提出借一笔钱，为朋友帮忙注册一个公司，并许诺，该款用不了几天就还。曹某某虽然心里为难，但为了给朋友帮忙，还是从镇财政所提取了一张 50 万元的支票交给了朋友，朋友用此款为他人注册了个人公司后将款归还给他。2002 年此事被揭发。

在检察人员对其进行讯问时，曹某某说出了心里话。他本人从事财务工作多年，明知将公款借给个人违反财经纪律，但出于哥们儿义气，为朋友帮忙，他丧失了原则，做了糊涂事。此时他流下了悔恨的泪水。

真正的朋友不是讲哥们儿义气，而是患难与共。

真正的朋友应该是在你受伤时，会在第一时间找到你，然后什么都不说，就静静地陪在你的身边。等你哭完，他会让你擦干眼泪，然后坚强面对。

真正的朋友不需要你在他面前像张白纸，但他却会努力地了解你，直达你内心深处。在你愿意把秘密跟他分享时，他会静静地听，并且为你守口如瓶。

真正的朋友会在你骄傲自满时，毫不留情地泼你冷水；会在你沉溺于美好的幻想中不能自拔时，残忍地将你拉回现实；会在你功成名就时，默默地替你祝福。

真正的朋友在彼此面前，是不需要隐藏什么的。开心时，你们会夸张地大笑；悲伤时，你们会毫不掩饰地大哭；受了委屈时，你们会生气地破口大骂那些人。因为你们知道，在彼此的面前，你们不需要矜持，不需要坚强，不需要忍气吞声。你们知道，在彼此的面前，只要做自己就好。

真正的友谊，好似一杯醇酒，越久越浓；好似一杯淡水，越淡越真。

真正的友谊不需要频繁的接触来维持，即使不见面，彼此心中牵挂祝福，不也很美吗？真正的友谊不需要华丽的点缀，正所谓“礼轻情义重”，即使只是互赠一片落叶，彼此心中也能深刻体会到友谊的可贵。

最真的友谊莫过于彼此坦诚相待，倾诉心中的喜忧；真正的朋友是互相帮助，患难与共。

请记住：朋友之间需要真正的友谊，但不需要哥们儿义气。

警惕朋友的陷阱

朋友有时会是你最危险的敌人，在你以对方为友、放松戒备的时候，对方却已早早为你设下了欺骗的圈套。

张医生就被一位“朋友”弄得惨透了。自己以之为友，没想到却落得个“人为刀俎，我为鱼肉”的境地，被狠狠地“宰”了几刀。

某年8月，张医生在桂林进修，碰到一个姓毛的女人心脏病发作。救死扶伤为张医生的信条，她马上组织抢救。这以后，两人自然结成朋友。毛女士戴金丝眼镜，文质彬彬，常说要报救命之恩。毛女士说自己所在的深圳公司给她分了4个股份，每股2500元，3个月后可获利2万，并表示让两股给张医生谢恩。此等朋友、此等友情，张医生不由不信，立即将5000元交给毛女士。

第二年春节后，毛又对张医生说：“上次股红没分，是公司用股红做了一笔大生意，3个月后每股回报3万。因为是老朋友，亲戚我都没给，再让两股给你，每股3000元。”话与情热乎乎的，张医生又把父亲多年积攒的6000元交给毛女士，毛女士说她这个朋友“爽”，不久，又把她介绍给自己的儿子小李。

小李对张医生说：“你是我妈的朋友，我就算你的干儿子，我一定要在经济上帮你。”又说：“我和北京一个朋友在内蒙古办了个山羊养殖场，做羊皮出口生意，年纯利几十万元，冲你是妈妈的朋友，把一个3万元的股份给你吧，半年能赚10万元。”

张医生心想友情难却，况且利大，借了 3 万元交给了小李。

她天天盼分红，不料，这年 7 月的一天，她得到消息说双方的生意都亏了，张医生只觉得五雷轰顶。

莫非毛女士是骗子？不像，因为她的儿子小李又来了，晃一晃 100 元一扎的现金，拿出一张 4 万元的欠条，说马上要去买一只价值连城的古瓶，买回后卖 150 万，还张医生后还有剩余。

人家举债设法还钱嘛，张医生再次为朋友之情感动，跟着小李去取那价值连城的古瓶。

谁知取到手后小李说有事要先走，之后她又给自行车撞了一下，古瓶应声粉碎。

到小李那里去时，小李正拿着菜刀要她赔偿古瓶。张医生不仅分文未得，还给小李开了欠债 20 万元的欠条。

张医生因此病倒卧床，病后向公安局报了案。

公安局说这叫“杀熟”，一种当前极其普遍的宰朋友手段。“杀熟？”张医生闻所未闻，她搞不懂朋友之道何以变得这样险恶。

当然，并非所有的朋友都是假仁假义之徒，只要你细心观察，仔细体会，就能剔除朋友中的“假冒伪劣产品”，找到你真正的朋友。

第六章　面对苦乐的抉择

苦难是成大事的必经阶段

人类走到今天，不知历经了多少苦难；一个人只有经历了苦难，方能领悟到生存的真谛。经历了苦难的磨炼，才能够更加坚强。很多人在看到成功人士的光环时，便开始埋怨人生不公，可这些人只看到了他们美好的一面，却没有看到他们也是从风雨中走过来的。没有经历风雨又怎么能看到美丽的彩虹？停止抱怨吧，敢于接受苦难的磨炼才是成功者该有的气魄。

天有不测风云，人有旦夕祸福。苦难和机遇对于每一个人都是公平的，而它们往往也是同时出现的，很多人因为害怕苦难而把机遇也关在门外。苦难并不可怕，可怕的是逃避。看那些碌碌无为之辈，因为苦难而沮丧，因为不顺而惊慌，应该奋起反抗的时候却一蹶不振，丝毫没有斗争的激情，最终被打击得一败涂地。再看那些成功的人，他们微笑地面对苦难，勇敢地接受苦难的锻炼。他们深谙人生的哲理和智慧：苦难既然是成功必需的磨难，那么就让暴风雨来得更猛烈些吧！

杨怀保，一个在苦难中跋涉的年轻人，2006 年湖南省学联授予其大学生品学奖，让我们从他的经历中感悟一下人生。

杨怀保出生在一个普普通通的家庭，然而父母的重病缠身、弟弟的年幼，使这些繁重的生活琐事都压在了他的身上。他从 12 岁起就成了家庭的顶梁柱，一路走到如今，由于生活的磨难，在他身上，和同龄人相比，多了份坚强和懂事。

然而，苦难却从来没停止过对杨怀保的造访。杨怀保上初中时，他的母亲因病丧失了劳动能力，这无疑使这个贫困的家庭雪上加霜。对于年幼的杨怀保来说，生活的磨难才刚刚开始。读高中一年级时，他的弟弟也开始上学。多病的父亲来到县郊的一个建筑工地上干活，才干了几天，膝盖便被钢筋砸伤。由于没有到正规医院接受手术治疗，父亲的脚落下了后遗症，丧失了干重活的能力，一家人的生活陷入绝境。学校在获悉杨怀保的家境后，决定免除他3年的学费。在父亲养病的日子里，杨怀保上高二了，家里想办法给他借来了200元钱。杨怀保算了一笔账，每天伙食费等一切开支不能超过两元钱，才能把这个学期读完。于是，杨怀保每天早上买好6个馒头，早上吃一个馒头，喝一碗稀饭，中午就去学校餐厅盛一碗免费的汤，和着3个馒头吃，剩下的两个馒头晚上吃。那时候，杨怀保正值长身体的年纪，却常常因为饥饿而体力不支。

然而，即使苦难像座大山一般的扑向他，杨怀保还是坚持下来了。高三那年，当别人都在抓紧每一分每一秒冲刺的时候，他还利用课余的时间和父亲去县城附近帮人收割油菜和小麦。那段时间里，杨怀保下午放了学便骑自行车带父亲到地里，一直干到凌晨1点多。拿工钱的时候，杨怀保惊喜地发现，自己跟父亲一个晚上居然可以赚60多元。即便干活耽误了他很多宝贵的学习时间，他依然考上了湖南省的湘潭大学，成为村里第一个大学本科生。高考结束后的第4天，杨怀保独自一人来到西安找工作。在班主任老师的催促下，杨怀保揣着打工挣来的1200元，开始了他的大学生涯。

在大学里，当别人都在享受初来大学的闲暇和娱乐时，杨怀保却习惯了一下课就穿梭在校园里，寻找着可以赚到生活费的工作。2004年春节，回到告别半年的家中，杨怀保发现父母的身体状况越来越差，正在长个子的弟弟也十分瘦小，他们都需要人照顾。杨怀保作出了一个令所有人大吃一惊的艰难决定：带着家人上大学。租房子，给弟弟找学校，帮父亲找份力所能及的活，杨怀保终于把一切都打点好，将父亲、母亲和弟弟都接了过来。为了挣钱养家，学习之余，杨怀保四处寻找打工的机会。2004年暑假，杨怀保在长沙一口气找了3份工作：白天骑上自行车，沿街推销口香糖，同时利用空隙兼做某大学的招生工作，晚上则到学生家中做家教。杨怀保每天清早出门，一直要忙到晚上10点多。一个暑假下来，他居然有了5200多元钱的存款。

2006年，杨怀保成功加入到了TCL公司。然而，因为父母需要人照顾，他最终忍痛把远方的工作辞掉了，选择了留在父母身边，一边读研究生，一边照顾双亲。

短短二十几年，杨怀保经受了其他年轻人从来没有遇到过的苦难，然而他丝毫没有向生活的磨难低头。走到现在，他已经跨越了最困难的时期，相信以后的路会越来越好。

苦难成就人生。罗曼·罗兰笔下的约翰·克利斯朵夫也是一个苦难的宠儿，从出生到死亡，这个坚强的行者从未因磨难或是诱惑而改变自己心中坚强的信仰。

苦难不但是生存必需的，更是成大事的必经阶段，这不仅仅是一条人生哲理，更是一条人生信仰。有了这样的信仰，无论受到多大的磨难，你都能坚强地走过去。像一首歌中唱的那样：阳光总在风雨后。走过迷雾，阳光就会普照大地。

苦难是宝贵的财富

很多巨富都出身寒门，文化程度大多为小学、中学——贫穷的生活不容许他们接受太多的教育。他们成功靠什么？答案是“苦难”。

霍英东出生于穷苦的水上人家，岸上没有他们的立锥之地，他当过铁匠、苦力，当苦力时被煤油桶砸断了一根手指。

苦难没有使他屈服，他不断激励自己“不在艰难中屈服，要在艰难中自强”，最后终成大业。

所以说，不要把苦难当作痛苦，而要把它当作上帝的偏爱。这个偏爱也就是上帝让你给自己准确定位。你之所以能成就伟大的事业，就是因为上帝赐予你超乎寻常的苦难。也就是说，上帝赐予你超乎寻常的机会。

世界级小提琴家帕格尼尼就是一位善于用苦难的琴弦把天才演奏到极致的一位奇人。

他首先是一位苦难者。4岁时一场麻疹和强直昏厥症，险些使他被白布裹尸装入棺材。7岁又险些死于猩红热。13岁患上严重肺炎，不得不大量放血治疗。40岁牙床突然长满脓疮，只好拔掉几乎所有牙齿。牙病刚愈，又染上了可怕的眼疾，幼小的儿子成了他的手中拐杖。50岁后，关节炎、肠道炎、喉结核等多种疾病吞噬着他的肌体。后来，他的声带也坏了，靠儿子按口型翻译他的思想。他仅活到57岁，就口吐鲜血而亡。

这些身体的苦难已经足够残酷无情了，但他似乎觉得这还不够深重，又给生活设置了各种障碍和旋涡。他长期把自己囚禁起来，每天练琴10至12个小时，忘记了饥饿和死亡。13岁起，他就周游各地，过着流浪生活。

他其次才是一位天才。3岁学琴，12岁就举办首次音乐会，并一举成功，轰动舆论界。之后他的琴声遍及法、意、奥、德、英、捷等国。他的演奏使帕尔玛首席提琴家罗拉惊异得从病榻上跳下来，木然而立，无颜收他为徒。他的琴声使卢卡观众欣喜若狂，宣布他为共和国首席小提琴家。他在意大利巡回演出，场场产生神奇效果。人们到处传说他的琴弦是用情妇的肠子制作的，魔鬼又暗授妖术，所以他的琴声才魔力无穷。歌德评价他："在琴弦上展现了火一样的灵魂。"李斯特大喊："天啊，在这四根琴弦中包含着多少苦难、痛苦和受到残害的生灵啊！"

人们不禁要问：是苦难成就了天才，还是天才特别热爱苦难？

这问题一时难以说清，但人们分明知道：弥尔顿、贝多芬和他被认为是世界文艺史上的三大怪杰，而他们居然一个看不见、一个听不着、一个说不出！

对有大志者来说，苦难是最宝贵的财富，他们受到苦难的磨砺，从而使自己变得锋利无比。

再苦也要笑一笑

苦难是什么？大作家周国平说："人生在世，免不了要遭受苦难。所谓苦难，是指那种造成了巨大痛苦的事件和境遇。它包括个人不可抗拒的天灾人祸，例如遭遇乱世或灾荒，患危及生命的重病乃至绝症，挚爱的亲人死亡，也包括个人在社会生活中的重大挫折，例如失恋、婚姻破裂、事业失败。有些人即使在这两方面运气都好，未尝吃大苦，却也无法避免那个一切人迟早要承受的苦难——死亡。"是的，每个人都必须忍受折磨，它或许会使人恐慌，使人意志消沉，而那些笑对苦难的人，他们具有忍耐之心，因此，他们有改变生活的力量，他们是成功和幸福眷顾的人。

或许很多时候，我们发现古人所说的“祸不单行”这句话确实千真万确，一旦自己遇到了倒霉的事情，霉运就会伴随着自己，真是“倒霉透顶”。其实很多时候，这种接连倒霉的情况是我们为自己制造了心理障碍而造成的。比如说，刚刚发生了一件小小的意外，本来对你没什么伤害，但是如果你把全部心思都放在担心这件事上，那么对于其他事情的忽略可能会导致你犯更多的错误，也就会有接下来更多的意外发生了。因此，在遇到一些困难的时候，首先让自己的心明朗起来，这样才能清楚地看到接下来要做的事，才能扭转不好的局面，从而向快乐的生活迈进。

在《当空瓶子有了梦想》这本书中，记录了这样一个笑对苦难的故事。

在美国印第安纳州有一个普通的家庭，丈夫让·桑斯兰德是一名警官，妻子珍妮是一名小学教师，他们有三个可爱的儿子。这本该是幸福美满的一家，可噩运却接踵而来。

1966 年夏天，医生告诉让和珍妮，他们 3 岁的二儿子吉弗得了白血病。他们在震惊、痛苦之余，竭尽全力要为吉弗创造幸福，可是却于事无补。来年 11 月的一天，让和珍妮最后一次带吉弗走进了医院，在病床上，吉弗在父母的陪伴下走完了他 4 岁的人生。就在这一天，人们发现他们 3 岁的小儿子麦克后背上有一个硬块。三个星期后，麦克做了癌瘤切除手术。

1973 年，他们的大儿子斯蒂夫已经 13 岁了，在一次足球赛上他扭伤了左腿，经检查，意外地发现他已患上恶性骨癌。在父母伤感的目光中，他送走了自己那条跑跳了 13 年的左腿，换上了冰冷的假肢。

1975 年夏天，让在一次全家野营时突然感到头晕，经检查他患了脑肿瘤。全家人都鼓舞他，斯蒂夫说：“你又将获得一次成功，爸爸！你将面对一次新的挑战！”让笑了，在国家癌症研究所中，医生把让的肿瘤完全取出了。

然而，生活依然阴暗。14岁的麦克癌症复发，“我要和它斗争到底！”酷爱运动的麦克发誓说。1980年4月1日，医生用钢条、塑料和一部分腿骨做成新的脊骨，替换了麦克的脊骨，手术持续了17个小时。

第二年春天，几乎在同一时间，让和麦克父子俩分别又进行了长达24小时的手术。6月里的一天，年轻的麦克在妈妈的怀里闭上了眼睛。两个月后，让在家人爱的亲吻中与世长辞。现在全家只剩下珍妮和斯蒂夫母子二人，可他们仍然笑对命运，在逝去亲人的祝福中努力地生活着。

1986年夏天，26岁的斯蒂夫已在一家大公司供职，并且刚刚通过律师资格考试。这时，他参加了公司举行的夏季棒球比赛，他担任接球手。他扔开拐杖，用一条腿蹦跳着接球时，忽然感觉头晕目眩，右半边身体失去控制，摔倒在球场上。诊断结果是他患上了和父亲同样的病——脑癌！而且医生发现，他的癌细胞已经转移扩散。面对绝症，斯蒂夫像父亲和两个弟弟一样，并没有伤心绝望，他要做生活的强者。

重重磨难在珍妮洁白的额头上留下了岁月的痕迹，但她依然笑靥如花，她对记者说：“我经历了苦难却极有意义的一生，我有过那么好的丈夫，我养育了世上最棒的儿子。不管遇到什么噩运，他们都始终微笑如初，活得极为精彩！”

在让和麦克去世前的那一年夏天，桑斯兰德一家来到国家癌症研究所，他们要协助科研人员探索癌症的秘密。科学家调查了桑斯兰德的家族史，发现从让的老祖母起，每一代中都有人死于癌症。研究人员认为，对这个家族的研究有助于破解癌症的秘密。

桑斯兰德一家留下了大量的标本供人研究，给全世界馈赠了一份宝贵的遗产。然而，他们留下的更重要的遗产是在面对死亡的挑战时所表现出的勇气和力量，以及那种乐观向上的生活态度。

正如斯蒂夫所说："我的一生都在向噩运挑战，生活的意义在于一个人生活的质量，而不在于他生存的时间！"

忍耐可以是痛苦的，也可以是轻松的。笑对苦难的折磨是一种人生境界。笑对苦难，人生才有其崇高的意义；笑对苦难，活着的价值才得以完美体现。在坎坷的人生道路上，让我们把磨难当作生活中的点缀，把挫折当作人生的调味品吧。让我们始终保持着微笑，迎接生命中的每一天！

在苦难中快乐地活下去

上苍不会无缘无故送给我们快乐，也不会无缘无故把痛苦强加给我们。它只会给我们选择的权利。在顺境中，选择快乐是对成功的嘉奖。在逆境中，选择快乐是对创伤的理疗。

有一个年轻人，家在郊区农村，每天都要到城里去上学。他学习很刻苦，可是高中毕业那年却没有考上大学，别人都以为他会垂头丧气，没想到他却高高兴兴地回家，搞起了科学养鸡，不到两年就赚了一笔钱。他用自己赚的钱，给家里盖了三间大瓦房。按照当地习惯，盖房上顶梁时要放鞭炮请客。上梁那天，他杀猪宰羊放鞭炮，街坊邻居都来了，十分热闹。就在大家兴高采烈地喝酒吃饭的时候，只听"轰"的一声，梁塌了，砸得满地尘土。大家都愣住了，不知说什么好。这时，就听见有人哇的一声哭了起来。这位年轻人一看，是他姐姐。他就说："哭什么？你哭它就立起来了？"说着，他端起酒杯，对众人说："来，大叔大婶们，咱们接着喝！梁倒了，再上一次！正好咱们街坊邻居又多了一次聚在一起喝酒的机会！后天中午还请大家再来！"

这件事，后来不知怎么传到一位公司经理那里，他们公司新开发了一个项目，正在招人，可是销售经理一直没找到合适的人选。他听说后，就找到那位年轻人，说服他加盟自己的公司。当时公司的其他负责人都不同意，认为那位年轻人没有学历，没有经验，不能胜任这项工作。可是这位经理听了却说：“哦，那没关系，因为我们不是用他20天，而是准备用他20年。所以你们说的这些，他会有时间学会的。可是，他的这种乐观自信的性格，却不是花时间可以学会的。我看中的正是这一点。”于是这位经理力排众议，起用了那位年轻人。

后来这个年轻人果然争气，用了不到一年的时间，他们的产品就开发占领了整个东北市场。3年后，产品遍及全国并出口到国外。年轻人一直很努力，最后居然坐到了公司总裁的位子。

这一切，离不开年轻人的乐观豁达。

心理学家巴甫洛夫说：“不良的情绪如忧伤、悲痛等能损坏身体，从而为各种疾病打开方便之门，可是愉快能使你的体质增强。因此，药物中最好的就是愉快和欢笑。”

据说，在印度孟买的大小公园里，每天早晨都可以看见许多男女老少站成一圈，一遍又一遍地哈哈大笑，这是在进行欢笑“晨练”。印度的一位医生在国内外共开设了150多家“欢笑诊所”，人们可以在诊所里学到各种各样的笑：抿嘴笑，会心地笑，开怀大笑……他们用各种各样的笑来治疗心情压抑等心理疾病。

人总会遇上不顺心、不如意以及为难自己的事。这些事一旦发生，我们也不必沉湎于痛苦中，不必感叹自己倒霉，而是应该笑着面对它。可在情绪低落时，又很少有人能笑得出来。

其实，世界上的很多问题都来自自己的心灵，世间的痛苦和烦恼也是如此。在我们成长的过程中，来自内心的羁绊往往比现实更能阻碍我们的成长。唯有选择乐观，才能让我们去从容面对人生路上的一切风雨。唯有选择乐观，才能让我们真正读懂生活。

快乐,是一种感受；快乐,更是一种选择。自己的快乐是由自己控制的，每个人都可以在自己的生活中寻找到属于自己的快乐。

有这样一句话：“一个人的快乐，其实不是因为他拥有得多，而是因为他计较得少。”生活中，我们若能保持一种淡泊的心态、一种简单的生活方式，我们的心境就可以平和、快乐得多。

有个打鱼的人，他每天只出海半天，那半天的收获刚好换他一天的食物、水和烟。然后他就躺在沙滩上晒太阳，望着蓝天白云抽烟，悠闲自在。这时来了一个商人，对他说：“老兄，我觉得你应该打更多的鱼，然后把它们卖掉，等攒够一定数量的钱后就买一艘船，再开这船到处做买卖……”

“然后呢？”那人问商人。

“然后就能赚很多很多的钱，就可以每天到海边晒太阳……”

“可是我现在不正在海边晒太阳吗？”那人回答说。

是啊，快乐就是那么简单。我们一直向未知的世界伸出欲望的双手，有时想要什么，自己也不是很清楚。一味地盲目追求，奢望将永无止境。

如果仔细考察一下成功人士的生活态度、生活方式，以及他们处理生活中麻烦事的方法，你可能非常惊讶：他们生活得太简单了！

青年钢琴演奏家郎朗为很多人熟知和喜爱。说起自己的演奏，郎朗说：“我很喜欢中国音乐,常和父亲改编演奏中国传统音乐。他拉二胡,我弹琴，就像是在玩一场游戏。”

在郎朗眼里，弹琴不但不枯燥乏味，更像是在做一场快乐游戏：“弹琴时，我不仅想着作曲家的感受，还加入我的想象和感受，有时想到某一个电影片段，有时想着一个好玩的情节。”

当我们全身心地投入到某一工作中时，要学会简单，学会以自己的方式去理解和放松。通往成功的路途充满艰辛，更需要我们以一颗简单、快乐的心面对一切。

有一支淘金队伍在沙漠中行走，大家都步伐沉重，痛苦不堪，只有一个人快乐地走着，别人问："你为何如此惬意？"他笑着说："因为我带的东西最少。"

原来快乐这么简单，少让自己背负一点儿东西就可以了。

拥抱痛苦，更能体会幸福

境由心生，痛苦本身不是问题，如何对待它才是最大的问题。有时候，拥抱痛苦一样可以幸福。人生不如意事十之八九，如果我们总从消极的一面去看待生活，我们就会陷入无边的折磨。如果我们以一颗乐观的心来对待生活，即使遭遇磨难，我们也同样可以幸福。

《果核里的时间》的作者——科学大师霍金，之所以为世人所推崇，不仅是因为他的智慧，还因为他是一位人生的斗士。

在一次学术报告会上，一位年轻的女记者跃上讲坛，问在轮椅上生活了30多年的科学巨匠霍金："霍金先生，卢伽雷病将您永远地困在了轮椅上，您不认为命运让您失去得太多了吗？"霍金依然坦然地微笑着，面对着这个尖锐的问题，他用自己还能活动的手指，艰难地叩击着键盘。不久，宽大的投影屏幕上出现了这样醒目的几行字：

"我的手指还能活动，

"我的大脑还能思维，

"我有终生追求的理想。

“我有我爱和爱我的亲人和朋友，

“对了，我还有一颗感恩的心……”

短暂的安静之后，掌声雷动。人们纷纷涌向台前，向他表示由衷的敬意。

霍金先生在轮椅上度过了他人生的大部分时间，他用自己的智慧、乐观赢得了自己的爱情，他用自己的坚强写下了许多不朽的物理著作。病魔困住了他的躯体，却并没有困住他自由的灵魂。当然他并非从来没有为失去感到过痛苦和折磨，只是他更看重自己拥有的，更重视快乐，所以，他才拥有更卓越的人生。

拥抱，是爱的一种外在表现。我们说拥抱明天，拥抱快乐，实际上就是爱明天，爱快乐，珍惜和热爱我们拥有的，就会让我们感到幸福。对于痛苦来说，热爱痛苦，我们同样可以幸福。

每个人都会拒绝痛苦和磨难，但谁又可以真正不经受痛苦呢？有时我们甚至还要自找一些痛苦来磨炼自己。有谁在练琴中没有受到过折磨？那咿咿呀呀的难听的声音，那一遍遍无聊的重复，都让我们的耳朵、手和心灵备受折磨。也许，在日复一日的痛苦中，我们终于能体会到折磨的快乐。当我们能够完整地弹奏一首曲子时，那种心满意足的喜悦，是无可比拟的，自己受到的一切痛苦、折磨都会烟消云散。所以，拥抱痛苦，同样可以让我们感觉幸福，甚至我们可以主动地去享受痛苦。

知难而上才能摆脱困境

如果你因为海上多暗礁而放弃航行，那么，这个理由只是你为自己的逃避而找的借口，是不能成立的。

因为暗礁自古有之，而从古至今海上却从没有停止过航行。

如果你以创业太多艰难险阻而放弃追求，那么，这个理由也是不能成立的。

因为，活着即意味着艰辛。没有谁一生顺利，苦难是生命的必经之路。生命因困难而存在，并在同无休止的困难的斗争中才得以不断强大。

生命的意义即在于：永远迎着困难而上。

困难对于弱者而言是一座山，对于坚强的人而言，那不过是一只外强中干的纸老虎，你越怕它，它越凶。

一个迎着枪口、刀刃走上前的人，会令对手胆战心惊；一个伤痕累累，从血泊中挣扎站起的人，会产生一种巨大的威慑力。

有一天下午，许多人正围着一位已退休的老船长，听他讲述一生航海历程中的种种奇遇，其中最引人入胜的，是老船长与狂风暴雨搏斗的惊险遭遇。

话题扯到大海上不可测的天气，有人问老船长："如果你的船行驶在海面上，通过气象报告，预知前方的海面上有一个巨大的风暴圈，正迎向你的船而来。请问，以你的经验，你将如何处置呢？"

老船长微笑地望着发问的人，反问道："如果是你，你又会如何处置呢？"

那人偏着头想了想，回答道："返航，将船头掉转180度，远离暴风圈。这样应该是最安全的方法吧？"

老船长摇了摇头道："不行，若你掉头回去，暴风圈还是迎向你的船；这么做，反而将你的船跟暴风圈接触的时间延长了许多，这是非常危险的。"

另外一个人接着道："那，如果将船头向左或向右转90度，试着脱离暴风圈的威胁呢？"

老船长仍是摇摇头，微笑道："还是不行，如果这样做，将会使船身整个侧面暴露在风暴的肆虐之下，增加与暴风圈接触的面积，结果是更加危险。”

众人不解，问道：“如果这些方法都不行，那究竟应该怎么做呢？”

老船长道：“只有一个方法，那就是抓稳你的舵轮，让你的船头不偏不倚地迎向暴风圈。唯有这样做，才可以将与暴风圈接触的面积化为最小，同时因为你的船与暴风圈彼此的相对速度组合在一起，还减少了与暴风圈接触的时间。你将会发现，很快地，你已经安然冲过暴风圈，迎接另一片充满阳光的蔚蓝晴空。”

众人听到这里，不禁为老船长应变的智慧和丰富的经验深深折服。

这个故事告诉我们：当生活的风暴袭来时，我们只有咬紧牙关迎着困难上，才能破解难关。绝对不能逃避，越逃避对自身的威胁就越大。

有时候，生活就是这样让人匪夷所思，看似最安全的做法却会使我们陷入险境，而看似最危险的做法却会让我们化险为夷。迎着风暴走上去，反而有助于我们脱险。

我们要坚守这样一个信条：逃避不是办法，知难而上往往是解决问题的最好手段。妄图逃避困难者应该清楚：即使侥幸躲过了一个困难，还会有下一个困难在前方等着。

坚定的信念能创造奇迹

一个人能否战胜厄运、创造奇迹，取决于是否心里拥有一种信念的力量。一个人在信念力量的驱动下即可创造人间奇迹。

公元前100年，苏武受汉武帝之命，以中郎将的身份为特使，拿着汉武帝亲手交给他的“旄节”，与副使张胜以及助手常惠和百余名士兵，携带着送给单于的礼物，护送以前扣留下来的全部匈奴使者回匈奴去。

当苏武在匈奴完成任务准备返汉时，一件意外的事情发生了。缑王与虞常等谋反，暗中策划绑架单于之母瘀氏归汉。这个虞常在汉朝时与张胜私交甚好，就把整个计划跟张胜说了，张胜还赠送钱物以示支持。没想到虞常的计划还没实施就泄露了。苏武因张胜而受牵连，他怕受审公堂给汉朝丢脸，想拔刀自杀，被张胜、虞常制止。虞常受审时，经受不住酷刑供出了张胜，因为张胜是苏武的副使，单于命令卫律去叫苏武来受审。苏武不愿受辱，又一次拔刀自杀，被卫律抱住，夺下刀来，但苏武已受重伤，血流如注，晕死过去。

苏武视死如归，单于佩服他的勇气，希望苏武能够投降为他效力，早晚派人来问候，企图软化苏武。但苏武不肯屈服。

苏武恢复健康后，单于命令卫律提审虞常和张胜，让苏武旁听，在审讯过程中，卫律当场杀死虞常以此威胁张胜。张胜胆怯跪下投降，卫律又威胁苏武，并举起宝剑向苏武砍来，苏武面不改色地迎上前去，卫律看软化和威胁都不能使苏武屈服，就报告给单于。

单于听说苏武这样坚强，就更加希望苏武投降。他下令把苏武囚禁在一个大窖里，不给他一点吃喝。这时天上正下着大雪，苏武就躺在那里，嚼着雪团和毡毛一起咽进肚里，顽强地活了下来。

单于一计不成，又命人把苏武迁移到北海没有人烟的地方，让他独自放牧公羊，说是等公羊生子才让他归汉。在荒无人烟的北海，苏武白天拿着汉朝的旄节放羊，晚上握着它睡觉。没有口粮，他就挖掘野鼠洞里藏的草籽充饥。单于又派人劝降，并告知他母亲已死，兄弟自杀，妻子改嫁，儿女下落不明、死活不知的消息，想以此达到动摇他的信念的目的，但又一次被他斩钉截铁地拒绝了。

苏武在荒凉酷寒的北海边上，忍饥挨饿、受尽苦难，但仍以坚强的毅力，度过了漫长、艰苦的岁月。

一直到公元81年的春天，经几度交涉，苏武、常惠等9人才终于回到了久别的首都长安。

苏武出使的时候，是个40岁左右的壮汉，他在匈奴过了19年非人的生活，归汉时已是个须发皆白的老人。

后来，苏武坚忍不屈、不怕磨难、永不失节的事迹轰动了朝野上下，被编成歌曲在人民中间广泛流传。

从开始选择自杀到最后顽强地活下来，苏武的所作所为都是在向敌人显示大汉朝人的一种尊严。

两次自杀是怕大堂受审给祖国丢脸，说明他是个将生死置之度外的刚强汉子。后来又在极其恶劣的非人生活条件下坚持了19年之久，这是在向敌方示威：我虽无力反抗，但我决不投降。

他抱定了“我顽强地活给你看”和“不回汉朝，死不瞑目”的信念，克服所有的困难，承受着非人的折磨，终于坚持到返回家园的时机。

当你遭遇厄运的时候，记住，坚定的信念能创造奇迹。

不知挫折苦便不知成功甜

有一种苦味糖，这种糖刚开始吃的时候，非常苦，很多孩子因为忍受不了而吐掉，然而只要坚持一小会儿，外面的苦层化掉之后，剩下的部分就格外甜了。苦不尽，哪有甘来？人生就是一块苦味糖，先苦后甜，或者苦甜参半才是它的真实味道，如果你因为它的味苦而早早地放弃了希望，那么人生的甘甜也永远不会到来。

人生难免有挫折，挫折能锻炼一个人的意志力，挫折也是激发潜意识的一种良药。虽然因为挫折我们跌倒了无数次，可是，正是因为它，我们重新认识了自己。挫折也是人生的一个转折点，只有坚持不懈，经历了严厉的考验，通过不懈的努力，才会到达理想的彼岸！

20世纪20年代，贝里·马卡斯跟随父母从俄罗斯来到美国，全家人在一个穷人聚居区安顿下来。母亲常常告诉他，对生活要有信心，总会苦尽甘来。这种乐观的生活态度潜移默化地影响着他的生活，也深深地影响着他以后的事业。

他的母亲久患风湿病，但她从不抱怨生命，她甚至会取下手上缠着的石膏绷带，在寒冷的冬天为孩子们洗衣服，在炎热的夏天为孩子们做饭。尽管生活艰辛，母亲始终相信苦尽甘来这一道理。马卡斯从小的理想是上医学院，毕业后成为一名大夫。因为家庭的经济约束，他在家附近选择了一所医科大学，这样便可以住在家里而省下住校的费用。马卡斯开始学习医学预科课程，成绩十分优秀。

一天，系主任告诉马卡斯，因为他的优秀，他有了上医学院的奖学金，然而他自己还必须另缴1万美元的学习费用。对于当时马卡斯的家庭状况而言，这是一笔巨大的支出，是负担不起的。于是，马卡斯只好退了学，到佛罗里达州去找工作。路上，马卡斯给母亲通了电话，告诉了她这个不幸的消息。母亲的回答给了他勇气：“孩子，不要失去希望，不要害怕吃苦，早晚有一天你会苦尽甘来的！”后来，马卡斯在餐馆当了一年服务生，有了一定的积蓄后，他选择了新泽西州的药学院继续他的梦想。毕业后，他开始营销药品，这让他接触到了商品零售业，并开始喜欢上了它，直到他跳槽到西部一个名为“便民”的商品零售公司，他开始了他的事业之路。

在“便民”公司，他开始细心地观察周围。他发现不少自己动手装饰和修补住房的人来买各种家装必需品，但他们不可能在一处一次就买齐。一天，他突然有了一个主意：如果能有一家大商场，把所有的家装材料店，如厨卫设备店、涂料店、木材店全都包括进来，顾客岂不更方便？要是所有经销商都懂得怎样修马桶或怎样安装吊扇，岂不更好？这便是马卡斯的梦想的起源。1978 年的一天，老板召见他，马卡斯便向老板谈了自己的建议，希望通过他的提议可以把“便民”公司变成一家赢利的大型连锁超市。然而，老板认为这是马卡斯在他面前炫耀才能，就把马卡斯解雇了！

这个时候，母亲的话再次浮现在他的脑海中，他没有被打倒，挫折给了他更多的力量和勇气，他决定放手自己干。马卡斯利用这个机会，决心自己当老板，着手实现创建一个大型家装材料总汇超市的构想。他的这个超市将面向人口众多的工薪阶层，他们是自己动手搞家装的主力，他这样做，正好为他们提供了及时的、恰到好处的帮助。于是，一个名为“家庭”的大型家装材料公司应运而生。在马卡斯的悉心管理下，这个材料公司的生意非常红火，业务已经遍及全美，甚至开始扩展至全球。当谈及他的成功，马卡斯总是谦虚地说：“因为我相信所有的困难都是一种财富，一种经历，最终一定会苦尽甘来的。”

人生就是酸甜苦辣的百味瓶，用这条人生哲理时刻鞭策自己忍受磨难，不断前进，那么甘甜的生活才会在不久出现。

只有失败过的人才懂得如何成功

每个人的一生都不可能是一帆风顺的，苦难可以把一个人彻底击垮，也能激发一个人的斗志，关键就在于以一种什么态度去看待这些苦难。一个障碍，就是一个新的已知条件，只要你愿意，任何一个障碍，都会成为一个超越自我的契机，与其消极地逃避，不如积极地选择超越。

一天，狮子来到了天神面前，说道："我很感谢你赐给我威武的体格、强大的力气，让我有足够的能力统治这整片草原……"

天神听了，微微一笑地问："但是这不是你今天来找我的目的吧？看起来你似乎为了某事而困扰呢！"狮子轻轻吼了一声，说："天神真是了解我啊！我今天来的确是有事相求。因为每天早晨鸡鸣的时候，我总是会被鸡鸣声吓醒。神啊！祈求您，再赐给我一个力量，让我不再被鸡鸣声吓醒吧！"天神笑道："你去找大象吧，它会给你一个满意的答复的。"

狮子兴冲冲地跑到湖边找大象，还没见到大象，就听到大象跺脚所发出的"砰砰"的响声。

狮子加速地跑向大象，却看到大象正气呼呼地直跺脚。

狮子问大象："你干吗发这么大的脾气？"大象拼命摇晃着大耳朵，吼着："有只讨厌的小蚊子，总想钻进我的耳朵里，害得我都快痒死了。"

狮子离开了大象，心里暗自想着："原来体型这么巨大的大象，还会怕那么瘦小的蚊子，那我还有什么好抱怨呢？毕竟鸡鸣也不过一天一次，而蚊子却是无时无刻地骚扰着大象。这样想来，我可比他幸运多了。"

狮子一边走，一边回头看着仍在跺脚的大象，心想："天神要我来看看大象的情况，应该就是想告诉我，谁都会遇上麻烦事，而天神无法帮助所有人。既然如此，那我只好靠自己了！以后只要鸡鸣时，我就把它当作是在提醒我起床吧，这样想来，鸡鸣声对我还算是有益处呢！”

在人生的路上，稍微遇上一些不顺的事，就习惯性地抱怨老天亏待我们，进而祈求老天赐给我们更多的力量，帮助我们渡过难关。但实际上，老天是最公平的，就像它对狮子和大象一样，每个困境都有其存在的正面价值，如果我们能把苦难当成一种考验，或者从另外一种角度去看待它，也许更有收获。

19世纪中叶，发现金矿的消息从美国加州传来。许多人认为这个发财机会千载难逢，于是纷纷奔赴加州。亚默尔也成为这支庞大的淘金队伍中的一员，他同大家一样，历尽千辛万苦，赶到加州。

淘金梦的确很美，做这种梦的人也比比皆是，而且还有越来越多的人纷至沓来，一时间，加州遍地都是淘金者，而金子则不会尽如淘金者的意愿，变得越来越难淘。不但金子难淘，而且生活也越来越艰苦。当地气候干燥，水源奇缺，许多不幸的淘金者不但没有圆致富梦，反而丧身此处。小亚默尔经过一段时间的努力，和大多数人一样，不但没有发现黄金，反而被饥渴折磨得半死。

这天，望着水袋中一点点舍不得喝的水，听着周围人对缺水的抱怨，亚默尔突发奇想：淘金的希望太渺茫了，还不如卖水呢。于是亚默尔毅然放弃对金矿的努力，将手中挖金矿的工具变成挖水渠的工具，从远方将河水引入水池，用细沙过滤，成为清凉可口的饮用水。然后将水装进桶里，挑到山谷一壶一壶地卖给找金矿的人。当时有人嘲笑亚默尔，说他胸无大志：“千辛万苦地到加州来，不挖金子发大财，却干起这种蝇头小利的小买卖。”

亚默尔毫不在意，不为所动，继续卖他的水。他想：哪里有这样的好买卖？把几乎无成本的水卖出去就能赚钱。结果，淘金者都空手而归，而亚默尔却在很短的时间内靠卖水赚到几千美元，这在当时可是一笔非常可观的财富。

苦难，对于那些渴望成功的人来说是一种财富，在苦难中人才能挖掘自己的所有潜力，做到一些在顺境中不可能做到的事情。所以当苦难降临到自己身上时，不要以为那是上天的不公平，相反，这可能是我们真正改变自己人生的契机，勇敢一点，选择超越，向苦难挑战，它就能成为我们一生的财富。

要心中常燃希望的灯火

通常说来，我们无法控制不幸之事在我们头上发生，不过，我们对于不幸之事的反应是可以控制的。

假如我们被人欺骗，我们绝不能因此萎靡不振。这样做不但于事无补，还对身体十分有害。萎靡不振就好像是一种麻醉品，把麻醉品储存在体内比放在物体表面危险更大！

那么，如何对付人生遇到的各种不幸呢？智者的做法是：把苦恼、不幸、痛苦等看作是人生不可避免的一部分，然后不断地对自己说：“这一切都会过去。”

这样做是很有好处的。因为只要心中不断燃着希望的灯火，就不用惧怕那难以忍受的黑暗。

从前，有一个小盲人跟着老盲人学弹琴，他们弹着琴弦，相互搀扶着四处流浪。

小盲人问老盲人："师傅，我们的眼睛还有复明的希望吗？"

"当琴弦弹断到1000根时，我们的眼睛就可以复明。"

可老盲人一生只弹断了999根琴弦，就去世了。

他没有见到光明。

小盲人沿着老盲人指点的道路继续走下去，岁月让他变成老盲人。老盲人也带了一位同样的小盲人，他给小盲人讲述了同样的信念。

终于有一天，老盲人拼尽力气弹断了第1000根琴弦。小盲人激动地问道："师傅，你看到光明了吗？"

可老盲人眼前仍然一片漆黑，师傅生前的预言没有实现，可老盲人醒悟了过来，他对小盲人说："我看见了光明，那就是希望的光明。"

成功始于觉醒，心态决定命运！成功心理、积极心态的核心就是主动意识，或者称作积极的自我暗示。消极心态，则是经常在心理上进行消极的自我暗示。

如果你坚持认为你是一个无足轻重的人物，是"一个尘世上的可怜虫"，不如其他人，那么，一段时间以后，你或许真的成为那样一个人。

如果你坚定地宣布自己完全有能力实现你伟大、崇高的人生目标，那么，这种充分自信的心态，就使得你的思想积极主动，极富创造力。这种心态会有助于实现你所渴望的事情。

在绝望处抓住快乐

快乐是什么？快乐是血、泪、汗浸泡的人生土壤里怒放的生命之花，正如惠特曼所说："只有受过寒冻的人才能感觉得到阳光的温暖，也唯有在人生战场上受过挫败、痛苦的人才知道生命的珍贵，才能真正感受到生活中的快乐。”

有这样一个故事。

一个男人被一只老虎追赶而掉下悬崖，庆幸的是在跌落过程中他抓住了一棵生长在悬崖边的小灌木。此时，他发现，悬崖上那只老虎正盯着他，低头一看，悬崖底下还有一只老虎。更糟的是，两只老鼠正忙着啃咬悬着他生命的小灌木的根须。绝望中，他突然发现附近生长着一簇野草莓，伸手可及。于是，这人拽下草莓，塞进嘴里，自语道：“多甜啊！”

生命进程中，当痛苦、绝望、不幸和危难向你逼近的时候，你是否还能顾及享受一下野草莓的滋味？

二战期间，一位叫伊丽莎白·康黎的女士，在庆祝盟军在北非获胜的那一天收到了一份电报，她的侄儿，她最爱的一个人死在战场上了。她无法接受这个事实，她决定放弃工作，远离家乡，把自己永远藏在孤独和眼泪之中。

正当她清理东西，准备辞职的时候，忽然发现了一封早年的信，那是她侄儿在她母亲去世时写给她的。信上这样写道：“我知道你会撑过去。我永远不会忘记你曾教导我的：不论在哪里，都要勇敢地面对生活。我永远记着你的微笑，像男子汉那样，能够承受一切的微笑。”她把这封信读了一遍又一遍，似乎他就在她身边，一双炽热的眼睛望着她，似乎在说：你为什么不照你教导我的去做？

康黎打消了辞职的念头，并一再对自己说：我应该把悲痛藏在微笑下面，继续生活，因为事情已经是这样了，我没有能力改变它，但我有能力继续生活下去。

人生是一张单程车票，有去无返。在荷兰首都阿姆斯特丹一座15世纪的教堂废墟上留着一行字：事情是这样的，就不会那样。藏在痛苦泥潭里不能自拔，只会与快乐无缘。告别痛苦的手得由你自己来挥动，享受今天盛开玫瑰的捷径只有一条——坚决与过去分手。

“祸福相依”最能说明痛苦与快乐的辩证关系。贝多芬“用泪水播种欢乐”的人生体验，生动形象地道出了痛苦的正面作用。传奇人物艾柯卡的经历更清楚地阐明了快乐与痛苦的内在联系。

艾柯卡靠自己的奋斗终于当上了福特公司的总经理。1978年7月13日，有点得意忘形的艾柯卡被大老板亨利·福特开除了。在福特公司工作已32年，当了8年总经理，一帆风顺的艾柯卡突然间失业了。艾柯卡痛不欲生,他开始喝酒,对自己失去了信心，认为自己要彻底崩溃了。

就在这时，艾柯卡接受了一个新挑战——应聘到濒临破产的克莱斯勒汽车公司出任总经理。凭着他的智慧、胆识和魄力，艾柯卡大刀阔斧地对克莱斯勒汽车公司进行了整顿和改革，并向政府求援，舌战国会议员，取得了巨额贷款。在艾柯卡的领导下，克莱斯勒汽车公司在最黑暗的日子里推出了K型车的计划，此计划的成功令克莱斯勒汽车公司起死回生，成为仅次于通用汽车公司、福特汽车公司的第三大汽车公司。1983年7月13日，艾柯卡把生平仅有的面额高达8.13亿美元的支票交到银行代表手里，至此，克莱斯勒还清了所有债务，而恰恰是5年前的这一天亨利·福特开除了他。事后，艾柯卡深有感触地说：奋力向前，哪怕时运不济；永不绝望，哪怕天崩地裂。

罗曼·罗兰说："痛苦像一把犁，它一面犁破了你的心，一面掘开了你生命的新起源。"古人讲："不知生，焉知死？"不知苦痛，怎能体会到快乐？痛苦就像一枚青青的橄榄，品尝后才知其甘甜，这品尝需要勇气。其实，要让自己快乐非常简单，那就是少一分欲望，多一分自信，在身处绝境时，懂得苦中求乐，才是人生的真谛。

超越了痛苦，就超越了自己

世上永不凋谢的花一定是假花，完全红透的苹果一定是蜡做的。一个人不可能永远生活在欢乐和幸福当中，能够品尝痛苦的人才是生活的强者。

噩梦的发生也往往是在不知不觉中。失业、破产、离婚、车祸、亲人过世……只要活着，这些痛苦总是接二连三，在我们身边来来去去。

如果一个人的平静生活突然被掀起波澜，痛苦足以消耗他的心智，磨损他的意志。他几乎相信，已经没有什么值得努力的目标，根本找不到任何活下去的意义。

当你在人生的赌局中，手握着由命运发下来的坏牌，你会紧张得不知如何玩下去。悲剧有时在所难免，但并不表示你就非得被它打垮，从此与幸福绝缘。

意大利的心理学家曾经做过研究，对象是一群因为意外事故而导致半身不遂的病人。他们年纪轻轻，却丧失了运用肢体的能力，可以说命运对他们很不公平。不过，绝大多数的患者却一致表示，那场意外也是他们这一生中最具启发性的转折点。

调查中有一名叫做鲁奥吉的青年，他在20岁那年骑摩托车出事，腰部以下全部瘫痪。鲁奥吉在事后回忆说："瘫痪使我重生，过去我会做的所有事都必须从头学习，就像穿衣、吃饭，这些都是锻炼，需要专注、意志力和耐心。"

鲁奥吉以积极面对人生的态度声称，以前自己不过是个浑浑噩噩的加油站工人，整天无所事事，对人生没什么目标。车祸以后，他得到的乐趣反而更多：他去念了大学，并拿到语言学学位，还替人做税务顾问，同时也是射箭与钓鱼的高手。他强调，如今“学习”与“工作”是令他最快乐的两件事。

的确，生命中收获最多的阶段，往往就是最难挨、最痛苦的时候，因为它迫使你重新检视反省自己，替你打开了内心世界，带给你更清晰、更明确的方向。

要想命运尽在掌控之中是件非常困难的事，但人生的经验能帮助你汇集出一股力量，让你愈来愈坚强。很多灾难在时过境迁之后回头看它，会发现它并没有当初感觉的那么糟糕，这就是人生的成熟与锻炼。

学着与痛苦共舞，才能看清造成痛苦来源的本质，明白内在真相。更重要的是，让你学到了该学的功课。

人生是一首悲喜音符汇集而成的交响曲，你在享受喜乐愉悦之余，剩下的课题就是认识痛苦悲伤，并且进一步超越它。再大的痛苦都会过去，超越了它，便也在痛苦中超越了自己。

第七章　面对取舍的抉择

人生就是一连串的取舍

人的一生所要经历的种种丧失，有些是自然发生的，你只能被动地去面对、去接受，如疾病、衰老；而有些则是需要你主动选择的，如长远利益和眼前利益冲突时，你应该明智地选择丧失后者……这些丧失在成长中是极其必要的。就像是处在人生的十字路口一样，面对形形色色的诱惑与扑朔迷离的前方，你是否能够作出正确的选择，就决定了你是否能够拥有幸福、快乐的人生。

人生如戏，每个人都是自己生命的唯一的导演，只有学会正确取舍的人才能彻悟人生，笑看人生，拥有海阔天空的人生境界。人生不过是一连串选择的过程，从你早上起来考虑穿哪一套衣服出门开始，你就在选择。虽说每一个选择有大有小，但每日、每月所有选择的累积，就会影响你人生的结果。成功者能够成功，是因为他们在关键的时刻总能作出正确的取舍。他们清楚地了解什么是自己该做的，什么又是不该做的；什么是该坚持的，什么又是该舍弃的。

美国钢铁大王安德鲁·卡内基在年轻时曾做过铁路公司的电报员，假日里有一次轮到他值班，突然来了一封紧急电报，内容令卡内基差点从椅子上跳了起来。紧急电报通知：在附近铁路上，有一列火车车头出轨，要求上级照会各班列车改换轨道，以免发生追撞的意外惨剧。

由于是假日，卡内基怎么也找不到可以下达命令的上司，眼看时间一分一秒地过去，而一班载满乘客的列车正急速驶向出事地点。卡内基不得已，只好敲下发报键，冒充上司的名义下达命令给列车司机，调度他立即改换轨道，从而避开了一场可能造成多人伤亡的惨剧。

按当时铁路公司的规定，电报员擅自冒用上级名义发报，唯一的处分就是立即撤职。卡内基十分清楚这项规定，于是第二天上班时，就把写好的辞呈放到了上司的桌上。让卡内基意想不到的是，上司当着卡内基的面，将他递过来的辞呈撕碎，还拍拍卡内基的肩头说："你做得很好，我要你留下来继续工作。记住，这世界上有两种人永远原地踏步：一种是不肯听命行事的人；另一种则是只听命行事的人。幸好你不是这两种人的其中一种。"

卡内基在危急关头，权衡了两种选择将造成的损失之后，毅然选择了违背固定的制度，冒着失去工作的危险来保全更多人的生命。这件事情不仅表现了卡内基舍己为人的无私精神，还体现出卡内基对待规则的灵活与作选择时的睿智和果断，正是这两点促成他作出了正确的选择。由此，我们也可以明白他能从一个穷孩子成长为钢铁大王的奥秘。

很多时候，人们守着自己的东西，却总觉得别人拥有的比自己的好，于是羡慕、嫉妒、抱怨……各种各样的情绪都产生了，终有一天，我们幸运地享受到了以前让自己魂牵梦萦的"美好"，才发现别人的鞋穿在自己脚上，却不一定合适，回头看看自己的，其实也并非那么的让人难堪。

生活中，我们在选择专业方向、工作单位、生活伴侣等的时候，都会面对这样一个问题，要知道，适合自己的才是最好的。

不要总以为美景必定在远方，其实我们身边的东西一样可以使我们富足快乐。远方有什么？只不过神秘一些罢了。

生活中的很多事物都是选择的结果，而每个选择必然有个反面，即放弃。选择其中的一个，我们就得放弃另外的几个，甚至可以说，只有能够放弃其他的方式，我们才能安心地选择剩余的一种。

人生就是这样，在选择坚持什么的同时，我们已经选择了放弃另一些东西。可人往往就是因为舍不得放弃其他，才使选择变得异常痛苦。也正因为舍不得放弃，人生才变得异常沉重，甚至因为不堪重负而过早衰亡。要知道，翅膀上系着黄金的鸟儿是飞不起来的。

法国人从莫斯科撤走以后，一个农夫和一个商人在街上寻找财物。他们首先发现了一大堆烧焦的羊毛，两个人就各分了一半捆在自己的背上。

归途中，他们又发现了一些布匹。农夫将身上沉重的羊毛扔掉，选了些自己扛得动的较好的布匹。贪婪的商人将农夫所丢下的羊毛和剩余的布匹统统捡起来扛在肩上，重负使他气喘吁吁，步履迟缓。

走了不远，他们又发现了一些银质的餐具。农夫将布匹扔掉，捡了些较好的银器背上，而商人却因沉重的羊毛和布匹压得他无法弯腰而难以捡到农夫拾剩的银餐具。

天降大雨，商人的羊毛和布匹被雨水淋湿了。他饥寒交迫地踉跄着，最后摔倒在泥泞中，而农夫却一身轻松地迎着凉爽的雨回家了。后来，他变卖了银餐具，生活变得富足起来。

是啊，生活中有太多的机会，太多的诱惑，也有太多的欲望，可我们毕竟分身乏术。许多时候，得到就是失去，而失去也就是得到，就像那个农夫一样，有舍才有得啊！

在坚持与放弃中成长

坚持是一种品质，成功是一种坚持，当成功与失败的概率是三比七时，坚持的时间越长，成功的机会就越大。这样看来，坚持是一种赢的姿态。那是不是放弃就意味着失败呢？并不是这样的，其实放弃也是一种品质，对于追求不到的东西，该放弃时，就要勇敢地放弃。否则，自己只能在坚持中苦苦挣扎，最终的结果也是一无所获。既然不可能什么都得到，为何不在生活中学会放弃呢？

放弃并不是懦夫的行为，有时反而是一种明智的选择。识实务的放弃是为了更少地失去，更好地获得。

华裔科学家、诺贝尔奖获得者杨振宁的成功，就是他勇于放弃的结果。

“物理学的本质是一门实验科学，没有科学实验，就没有科学理论。”杨振宁深受这种观念的影响，于1943年赴美留学，他立志写一篇成功的实验物理论文。于是，费米教授安排他和“美国氢弹之父”泰勒博士一起做理论研究。在实验室工作的近一年半中，实验室里的成员戏称杨振宁是爆破专家：“哪里有爆炸（出事故），哪里就一定有杨振宁！”杨振宁的确感觉到自己的动手能力比较差。

在泰勒博士的关照下，他再三思考，经过选择与放弃的徘徊后，杨振宁终于放弃了写实验论文，把主攻方向转到理论物理研究上。就是从放弃物理实验那时起，他踏上了物理理论之路，最终成为杰出的理论大师。

人的精力是有限的，不可能面面俱到，面对纷杂的事物，你只要能得到你想得到的，能放弃一些对你而言不重要的东西，这样的放弃就是一种大智慧。

富兰克林的侄子波特是一个聪明的年轻人，他一直想成为一个大学问家。

很多年过去了，他的其他方面都不错，唯有学业没有长进。他很郁闷，不知道如何是好，无意间向叔叔透漏了这一烦恼。富兰克林没多说什么，只是约他哪天一起去爬山。

这天叔侄二人去爬山，在爬山的路上有很多晶莹可爱的小石头。这些都是波特喜欢的石头，每当碰到，叔叔就让波特装进袋子里背着。没多久，波特就吃不消了。

他说："叔叔，再背的话我恐怕爬不到山顶了。"

"是啊，那你说怎么办？"叔叔笑着说。

"放下就是了。"波特随即说。

"那就放下吧，背着石头怎么能登山呢？"叔叔仍旧笑着说。

波特看着叔叔的神情，顿时明白了叔叔约他爬山的用意。

从此，波特把心思全部转到做学问上来，终于成就了自己的事业。

有所得必有所失，只有学会放弃，才可能登上事业的高峰。

有个小女孩把手伸到一只装满糖果的瓶里，她尽量地抓了一大把糖果，当她想把手收回来时，却被瓶口卡住了。她不知道如何是好，就急得哭了起来。

孩子还不懂得放弃的道理，其实只要她放下一些糖果，手就能抽出来了。而大多数人也像那小女孩一样，只想抓住自己想要的东西，抓不到还舍不得放弃，这样只会给自己带来压力、痛苦和不安。而这样做的结果往往是什么都得不到。

所以，放弃是一种睿智的选择。有限的精力，有限的时间，只容许你完成一定的事情。因此，在众多的事物中，你只能有所选择，有所放弃，才能靠近你的目标。

必要的“舍”是为了更好的“得”

“舍”和“得”是一对很有意思的反义词，“舍”就是放弃，“得”就是得到。但是，有时候“舍”的结果却是另一种“得”，这就是事物的辩证原理。被迫的“舍”很多时候不会得到任何东西，相反还可能失去更多的东西；主动的“舍”才能得到一些原本看似得不到的东西。这就是选择的魅力。

“如何寻找最大麦穗理论”就是教我们如何选择的：在一块麦田地里先走上三分之一的路，观察麦穗的长势、大小、分布规律，在随后的三分之一的田地里选定一个相对最大的，然后从容走完剩下的三分之一田地。即使在这三分之一田地里面还有更大的麦穗，按照规律来说也不至于令你太过遗憾，总比一上来就匆匆选定或者行程快结束了才胡乱抓一个更具有科学性，更能使人心安理得。

苏格拉底的“如何寻找最大麦穗理论”是选择的技巧，也是放弃的智慧。当你的目标太多时，不妨扔掉一些，这样选择对你而言才会是快乐的。

一个不成功的人，往往并不是没有目标，而是目标太多。这样的人不懂得放弃那些不切实际的目标，他们什么都想要，但因为精力和时间有限，结果什么都不能做好。在物欲横流的今天，如果不懂得选择，那就意味着你放弃了自己成功的机会。所以，舍弃是必要的，必要的“舍”往往能换来更大的“得”。

2000年初，生意人老李发现了一个赚钱的商机：生产IP拨号器。因为整个机器成本才50元左右，可是因为是新生事物，所以当时的市场价却高达1000多元。其实，IP拨号器的技术原理很简单，基本就是电话机原理，只不过多了块控制芯片而已。

老李了解到这一行情后，马上行动，买来了数万元的生产调试设备，并招聘了一批技术人员，日夜兼程地设计、生产、调试。很快，产品便推向市场。老李的分析也得到了市场验证，他因此而大赚了一笔。就在别人以为他会立即扩大生产规模时，他却来了个急刹车，放弃了这一生意。他卖掉了设备，辞退了技术人员，转租了厂房。

很多人对此很不理解，有的人甚至说老李是个十足的傻瓜，放弃了这么好的赚钱机会。但只有老李自己最清楚这样做的原因。他清醒地认识到，IP拨号器利润是超高的产品，竞争对手肯定会纷纷跟进，而且其中好多都是实力雄厚的电话生产厂商和大通信公司。他们一旦介入，自己的产品就毫无优势可言。与其到时候灰溜溜地被别人打败，还不如自己先撤退，所以他明智地选择了放弃。老李的放弃又一次得到了市场的验证。

老李的放弃是为了更好地前进。没有放弃就没有收获，人的精力就那么多，当你把精力放在了势头渐衰的事情上时，自然没有精力去做势头正盛的事情，可想而知，你的人生之路也会随之势头渐衰。

没有放弃的勇气和胆识，你就无法比别人看得更远，无法比别人走得更远。我们的时间和精力都是有限的，在一个时间段内，我们也许能做好一件事情，但不可能同时做好几件事情。

著名歌唱家帕瓦罗蒂在回顾自己的成功之路时，曾讲过这样一个故事：他小时候很喜欢唱歌，在这方面也表现出了一定的天赋，但他同时也是一所师范院校的学生，学习成绩也不错。师范毕业时，他很苦恼，是继续学习唱歌呢，还是做一名教师？他想边做教师边用业余时间唱歌。但他父亲说：“孩子，如果你想同时坐两把椅子，你只会掉到椅子中间的地上，在生活中，你必须学会放弃一把椅子。”帕瓦罗蒂于是为自己选择了学唱歌这把“椅子”。他说：“选择和放弃是一件痛苦的事情，但却是成功的前提。”

其实，放弃并不一定意味着失去。放弃贪婪，就得到了轻松；放弃痛苦，就得到了快乐；放弃患得患失，就得到了洒脱；放弃阴霾的昨天，就得到了晴朗的今天。

一位老禅师坐在快速前进的马车上，一不小心掉了一只刚买的新鞋子。由于急着赶时间，也来不及停车去拾取了。

他身边的小沙弥叹了口气说：“师父，好可惜呀，那是刚买的新鞋子啊。”

没想到老禅师迅速地把另外一只鞋也扔了出去，小沙弥惊讶地问：“师父，你这是做什么呀？”

老禅师微笑着说：“这一只鞋无论怎样，对我而言已经没有用了。如果有谁能捡到一双鞋子，说不定他还能穿呢！”

这是禅的智慧，是深悟的哲学。我们很多人常常患得患失，对已经失去的事物一直耿耿于怀，不能放下。其实一旦放下，放眼长空，不仅可以使自己释怀，说不定还能使他人获益呢！

舍弃是人生的必修课

鱼和熊掌不可兼得，这是古人告诫我们的。若是什么都不想放弃，吃着碗里看着锅里，结果是什么也得不到。

很多时候我们都会面临两难境地，需要作出抉择，常常是摆在我们面前的每条路上都有无限风光，选择其中一条，就必须放弃另外一条，这种放弃往往是令人心痛的。

鱼和熊掌似乎比较容易选择，两者相差甚远。可事实上生命中大多数抉择并不简单，得与舍是很难作出正确的判断的，何况万事万物都处于剧烈的发展变化当中，还可以相互转化。

欧洲有一种鸟叫金雕，它筑巢生活于高山悬崖。金雕一窝只孵出两只幼雏。在食物不足的年代，小金雕就会挨饿，金雕妈妈也只能眼睁睁看着孩子饿得嗷嗷叫。这时，两只小金雕就用力互相挤对方，结果总是相对弱小的那只被挤下山崖摔死。而这时的金雕妈妈又总是容忍这种行为。

人类是难以理解金雕的，但是面对残酷的饥饿环境，金雕必须如此，否则就得全都饿死。岂止金雕，我们人类不也时时面对着痛苦的舍弃吗？拥有是一种幸福，可是有时放弃是为了更好地拥有。生活中，鱼和熊掌是不能兼得的，什么都想拥有从某种意义上说，无疑是一种沉重的负担，甚至是一种伤害。

善于舍弃是一种境界，是历尽跌宕起伏后对世俗的一种坦然，是饱经人间沧桑之后对财富的一种感悟，是运筹帷幄、充满自信的一种流露。只有在通晓这些事理之后才会懂得舍弃并善于舍弃，只有在懂得并善于舍弃之后才会获得成功。

舍弃是一种坦荡的心境和大度的气概。生命里有很多事情都是不尽如人意的，所以我们要适时选择舍弃。在我们蹒跚学步时如果父母不舍得放开我们的手，说不定我们到现在还不会走路；在我们经历一次成功后，要舍弃我们的骄傲，否则就没有下次的成功；在我们受到挫折时，要舍弃挫败感，否则就会活在失败的阴影之下。

舍弃，是我们人生旅程的一种超越；舍弃，也是一种胸怀，更是一种升华；舍弃是一种睿智，它可以放飞心灵，使我们真实地享受人生。

明智的放弃才是人生可取的态度

梦想总是美好而绚丽的，很多人都在为自己心中的梦想苦苦追寻。遗憾的是，能实现梦想的人很少很少。没有实现梦想的人，往往是因为一开始就做了一件自己根本就无法做到的事情，最终梦想变成泡影。

我们每个人的时间都是有限的，有许多事情是不值得花费太多的时间去完成的，在这种时候，适时地放弃才是最好的选择。

有这样一个故事。

从前有一个国王，后宫的妃子为他生了几个白白胖胖的王子，而他最宠爱的妃子为他生了一位漂亮的公主。国王非常疼爱小公主，视如掌上明珠，从不舍得训斥半句，凡是公主想要的东西，无论多么稀罕，国王都会想尽一切办法弄来。

在国王的骄纵下公主渐渐地长大了，她开始懂得装扮自己了。一个春雨初晴的午后，公主带着婢女徜徉于宫中花园，欣赏雨后的景致，忽然她的目光被荷花池中的奇观吸引住了。原来池水热气经过蒸发，正冒出一颗颗状如琉璃珍珠的水泡，浑圆晶莹，闪耀夺目。公主完全被这美丽的景致迷住了，突发异想："如果把这些水泡串成花环，戴在头发上，一定美丽极了！”

打定主意后，她便叫婢女把水泡捞上来，但是婢女的手一触及水泡，水泡便破灭了。折腾了半天，公主在池边等得愤愤不悦，婢女在池里捞得心急如焚。公主终于气愤难忍，一怒之下，便跑回宫中，把国王拉到池畔，对着一池闪闪发光的水泡说：

“父王！你一向是最疼爱我的，我要什么东西，你都依着我。女儿想要把池里的水泡串成花环，作为装饰，你说好不好？”

“傻孩子！水泡虽然好看，终究是虚幻不实的东西，怎么可能做成花环呢？父王另外给你找珍珠水晶，一定比水泡还要美丽！”父王无限怜爱地看着女儿。

“不要！不要！我只要水泡花环，我不要什么珍珠水晶。如果你不给我，我就不想活了。”公主骄纵撒野地哭闹着。

束手无策的国王只好把朝中的大臣召集到花园，忧心忡忡地商议道：“各位，你们号称是本国的能人智士，你们之中如果有人能以奇异的技艺，以池中的水泡，为公主编织美丽的花环，我便重重奖赏他。”

“报告陛下，水泡刹那生来，触摸即破，怎么能拿来做花环呢？”大臣们面面相觑，不知如何是好。

“哼！就这么简单的事情，你们都无法办到，我平日何等善待你们？如果无法满足我女儿的心愿，你们统统提头来见。”国王盛怒地呵斥道。

“国王请息怒，我有办法帮公主做成花环。只是老臣我老眼昏花，实在分不清池中的水泡，哪一颗比较均匀圆满，能否请公主亲自挑选，交给我来编串。”一位须发斑白的老臣神情笃定地打圆场。

公主听了，兴高采烈地拿起瓢子，弯起腰身，认真地舀取自己中意的水泡。本来光彩闪烁的水泡，经公主轻轻一触摸，霎时破灭，变为泡影。捞了老半天，公主一颗水泡也拿不起来，睿智的大臣于是一脸和蔼地对公主说："水泡本来就是生灭无常，不能常驻久留的东西，如果把人生的希望建立在这种虚假不实、瞬间即逝的现象上，到头来必然空无所得。"

公主听后醒悟了，不再坚持这个过分的要求了。

故事中的公主似乎有些荒唐偏执，但最终还是醒悟了。但是现实生活中的很多人却是明知道怎么努力也没有收获的事情，却偏不放弃，直到耗尽精力、财力才肯罢休。殊不知，明智的放弃才是人生可取的态度。

我们多少次站在人生的岔道口上，无论我们愿不愿意都要面临诸多选择。有选择就有放弃，趋利避害是人的本能，生活中我们有许多事情要迎难而上、努力拼搏才能取得最后的胜利。但是如果目标不对，只能是一种无谓的牺牲。有人说："我以一生的精力去做一件事，十年，二十年……再笨也会成为某一方面的专家。"但是如果这条路不适合你，自信和执着就变成了自负和执拗，这对自己是没有任何好处的，浪费了时间和精力，损失了物力和财力，最终也只能落个白忙活的下场。

莎士比亚说："倘若没有理智，感情就会把我们弄得精疲力竭，为了制止感情的荒唐，所以才有智慧。"学会放弃是一种自我调整，是人生目标的再次确立。学会放弃不是不求进取、知难而退，也不是一种圆滑的处世哲学。当有的东西在我们想得到又得不到，一味地追求只会给自己带来压力、痛苦和焦虑时，学会放弃才是一种解脱。

懂得什么时候该放弃是人生的一种明智和练达，懂得这一点，我们的人生便悲少喜多。

珍惜值得珍惜的，舍弃应该舍弃的

人生要学会珍惜。友谊、爱情、荣誉、人格、事业等，一切真善美的东西都需要珍惜，甚至不幸的遭遇、平淡的生活、普通的交往等都孕育着值得珍惜的内容。

人生有时也要学会舍弃。舍弃暂时的安逸，可以获得一生的幸福；舍弃一己之私，可以获得天下的大公；舍弃蝇头小利，可以赢得千秋大义。

一个真正有所为的人，在面对抉择时，总是能作出正确的选择。该舍弃的毫不犹豫坚决舍弃，该珍惜的义无反顾永远珍惜。

瘦削的三闾大夫站在滔滔的汨罗江畔，毅然怀石投江。面对“举世皆浊”的世道，他舍弃了荣华富贵，将自己对国家的赤诚之心珍藏，将芝兰香草般的身躯、“皓皓之白”的人格珍惜！

衣衫褴褛的张骞面对匈奴单于的劝降，毅然选择了不屈，历尽千辛万苦逃出魔爪后，依然坚定地继续前行，选择回归祖国的路。他舍弃了用降敌换来安逸享乐的途径，将一个大汉使臣的气节珍藏，将自己的爱国主义情怀珍惜。

然而，珍惜与舍弃错位者也大有人在：秦桧为荣华富贵舍弃了民族道义；我们的某些“人民公仆”，抛弃了当初在党旗下的庄严誓言，而将金山、银山“珍藏”于心；还有一些人，舍弃了纯洁的心灵、高尚的人格，而将物质享受视为至上，甘当金钱的奴隶……正因为如此，他们的行为令人作呕，他们的人生黯然失色。

现实生活中的我们，也总是轻视乃至忽视自己拥有的。一位哲学家不小心掉进了水里，被救上岸后，他说出的第一句话是：呼吸空气是一件多么幸福的事情。空气，我们看不到，日常生活中也很少意识到，但失去了它，才发现它对我们是多么重要。据说后来那位哲学家活了整整100岁，临终前，他微笑着平静地重复那句话：“呼吸是一件幸福的事。”言外之意，活着是一件幸福的事。缺乏珍惜之心往往使我们感觉不到快乐。

人间有三苦。一苦是：得不到，所以痛苦。二苦是：付出了许多代价，得到了，却不过如此，所以觉得痛苦。三苦是：轻易放弃，后来却发现，原来它在生命中是那么的重要，所以觉得痛苦。

人间有三乐。一乐是：得到了，所以快乐。二乐是：付出了许多代价，最终得到了，而且它是值得的，所以快乐。三乐是：很快地放弃没有必要的负担，所以快乐。

人间的三苦三乐，是我们常有的体验。许多人曾为得到的而快乐，也曾为失去的而难过。不少人曾付出许多的时间和精力追求功名利禄，得到后，却发现不过此。有人为了理想而付出了许多心力，但是始终无怨无悔，因为它是值得的。另一些人，不重视曾拥有的亲情、友情、时间、机会、健康，等到无法挽回时，才发现它们在自己的生命中是如此的重要，而有人能很快地放弃没有必要的贪心、攀比、嫉妒、仇恨，因而活得自由自在。

珍惜值得珍惜的，舍弃应该舍弃的，但值得珍惜的与应该舍弃的东西因人而异，各人有各人的标准与需求。

很多时候，都有要轻装上阵的思想，这个思想不仅体现在生活上、学习上、感情上，还应该贯穿在一个人的一生中，该放手的就要放手。

珍惜与放弃是一种境界，更是一种智慧，是人生中的坚守与超越。人的一生宝贵且短暂，得到时及时珍惜，舍弃时坚定放手。珍惜与舍弃看似矛盾对立，但又和谐统一，密切相关。有时的舍弃是为了更好的珍惜，有时的珍惜是为了不再失去。让我们学会珍惜，懂得舍弃，把握正确的航向，让人生之旅闪耀出烁烁光辉。

过度的坚持会导致更大的浪费

我们应该坚持我们的目标，不要犹豫不前，但也不能太过于生硬，应懂得变通。如果感到确实行不通，应当勇于承认自己的失败，及时改换思路和方法。

一位诺贝尔奖得主说：“一个好的研究者知道应该发挥哪些构想，而哪些构想应该丢弃，否则，人们会浪费很多时间在差劲的构想上。”或许，在付出了很多努力之后，我们才发现前进的方向是错误的，所走的研究路线只是一条死胡同。这时最明智的办法就是抽身退出，转而研究别的项目，重新寻找成功的机会。

在人生的关键时刻要审慎地运用智慧，作出最正确的判断，选择正确的方向，而且要记得时刻检视自己所走的路是否正确，关键时刻要敢于取舍，勇于从头再来。

当确定了理想的目标以后，我们要对达到目标所需要的资源、时间以及可能遇到的困难有一定的估计。我们的选择、途径和方法只有经过检验，才能估量出实现目标的现实性。如果发现自己的目标不可行，我们就要量力而行，及时调整自己的目标。

先停下，然后再重新开始。成功者的秘诀就是随时检视自己的选择是否有偏差，合理地调整目标，放弃无谓的固执，才能轻松地走向成功。

一个非常干练的推销员，他的年薪有六位数字。很少有人知道他原来是历史系毕业的，在干推销员之前还教过书。这位成功的推销员这样回忆他前半生的道路：

“事实上我是个很没趣味的老师。由于我的课讲得很沉闷，学生们个个都坐不住，我讲什么他们都听不进去。我之所以是没趣味的老师，是因为我已厌烦了教书生涯，对此毫无兴趣，但这种厌烦感却在不知不觉中也影响到学生的情绪。最后，校方终于解聘了我，理由是我与学生无法沟通。当时，我非常气愤，痛下决心走出校园去闯一番事业。就这样，我才找到推销员这份自己胜任并且感觉愉快的工作。

“真是‘塞翁失马，焉知非福’。如果我不被解聘，也就不会振作起来。基本上，我是很懒散的人，整天病恹恹的，校方的解聘正好惊醒了我的懒散之梦。到现在为止，我还是很庆幸自己当时被人家解聘了。要是没有这番挫折，我也不可能奋发图强，闯出今天这个局面。”

有人认为，如果没有成功的希望而去屡屡试验，是愚蠢的，也是毫无益处的。因为定错了目标而不自知，却过度地坚持，是对人生的巨大的浪费。

只有懂得放下，才能拿握当下

歌德说：“一个人不能永远做一个英雄或胜者，但一个人能够永远做一个人。”这里，“做一个英雄或胜者”指的便是“拿得起”时的状态；而“做一个人”便是指“放得下”时的状态。一个人若是能活出这种状态，便可谓是一个潇洒的人，是一个“糊涂”的智者。

不要感叹自己缺少什么，能够放下自己手里所拥有的东西的人，才是一个真正有智慧的人。

非洲土著人用一种奇特的狩猎方法捕捉狒狒：在一个固定的小木盒里，装上狒狒爱吃的坚果，盒子上面开一个小口，刚好够狒狒的前爪伸进去，狒狒一旦抓住坚果，爪子就抽不出来了。因为，狒狒有一种习性，不肯放下已经到手的东西。

人们总会嘲笑狒狒的愚蠢：为什么不松开爪子放下坚果逃命？审视一下我们自己，也许就会发现，很多时候我们也会犯这样的错误。

因为放弃不下诱人的钱财，有人费尽心思，结果常常是作茧自缚；因为放不下对权力的占有欲，有些人热衷于溜须拍马、行贿受贿，不惜丢掉人格和尊严。

有一本《与神为友》的书中写道：“我不会‘抓紧’任何我拥有的东

西！我学到的是，当我抓紧什么东西时，我才会失去它，如果我‘抓紧’爱，我也许就完全没有爱；如果我‘抓紧’金钱，它便毫无价值。想要体验拥有任何东西的唯一方法，就是将它‘放掉’！”

其实，很多悲剧往往就是因为无法放下自己手中已经拥有的“东西”而酿成的：有些人不能放下金钱，有些人不能放下爱情，有些人不能放下名利……

然而，如果你能够领悟“放下”的道理，你将会有一种如释重负的感觉。因为只有懂得放下，才能掌握当下。更何况，人生在世，如果不能适时地放弃一些东西，你的“人生行囊”就会没有空间去搁置你真正需要的东西。

一个人拿得起是一种勇气，放得下是一种度量。对于人生道路上的鲜花与掌声，有处世经验的人大都能等闲视之，屡经风雨的人更有自知之明。但对于坎坷与泥泞，能以平常心视之，绝非易事。既来之，则安之，这是一种超脱，但这种超脱又需要多年磨炼才能养成。拿得起，实为可贵；放得下，才是做人的真谛。

有些自以为聪明的人常常会暗自庆幸自己拿了多少。事实上，他们才是最糊涂的。拿得越多，放不下的也越多，背负的也就越多，活的也就越累。

追求最大却可能失去最大

大哲学家柏拉图曾带着他的七个徒弟来到一块麦田前，对他的徒弟们说：“你们现在从这块田地里走过去，在田里拣一支最大的麦穗，前提是你们只能拣一支且谁也不准回头，如果谁捡到了，这块田地就归谁。”

“这还不简单！”徒弟们听了，很高兴地说。

“好，我就在对面等你们。”柏拉图说着走到田地的对面等待结果。

于是，那七个徒弟就从田地里走到对面，最后他们都失败了。原因很简单，那就是他们都以为最大的麦穗在前头，所以，他们一路上总是匆匆向前，结果到了尽头才知道其实最大的麦穗自己已经错过了，这就是追求最大却失去最大。

这是一个古老的故事，说明了人的欲望永远不能满足，以及缺乏明确判断的能力。“贪”是大多数人的毛病，特别是现代社会，有些人什么都不愿意放弃，结果却什么也得不到。犹如一头要吃草的毛驴，面对左右两边分别放着的青草犯了难——先吃哪一堆呢？一直犹豫不决的毛驴最后饿死了。在生活中，有些人总喜欢抓点什么，房子、金钱、名利……抓得自己精疲力竭。我们毕竟只是凡人，因为我们想抓住的东西太多，而我们能抓住的实在太少太少。

这正如人们所说：“人握拳而来，撒手而去，先是一件件索取，后又一件件丢弃。”这是人生的减法，也是人生的放弃。在某些时候，选择了放弃，就意味着选择了一种新的人生，可惜有人至死也不明白有一种聪明就叫做放弃。

人人都会说“钱财名利乃身外之物”。其实，真正看得开的又有几人？一些人在临死之际才知道这是颠扑不破的真理，但为时已晚，这确是一些人的悲哀。

学会放弃，就得知道该放弃什么，不该放弃什么。为了熊掌，我们可以放弃鱼；为了事业的成功，我们可以放弃消遣娱乐；为了纯真的爱情，我们可以放弃金钱；为了庄严的真理，我们可以放弃利禄乃至生命。我们应保留生命中最有价值、最必要、最纯粹的部分，而放弃那些附着的累赘。

放下生活中不必要的东西

一个人如果常常背负太多的压力，得不到有效的放松与宣泄，那担子会变得越来越重，直到把自己压倒。所以要适时地给自己减压，让自己拥有一颗轻松自在的心，让心胸更开阔，更清静无忧。

有个叫理查的人，在他的一篇文章中他曾谈起一次有趣的经历。

有一年，理查和一群好友去东非探险。当时，正逢该地区发生严重的旱灾。理查的行囊中，塞满了食具、切割工具、衣物、指南针、观星仪、护理药品等。他认为这样就为旅行做好了万全之备。

一天，当地的一位土著向导检视完理查的背包之后，突然问了一句："这些东西让你感到快乐吗？"理查愣住了，这是他从未想过的问题。理查开始问自己，结果发现，有些东西的确让他很快乐，但是，有些东西实在不值得他背着它们，走那么远的路。

理查决定取出一些不必要的东西送给当地村民。接下来，因为背包变轻了，他感到自己不再有束缚，旅行也变得更愉快。理查因此得出一个结论：生命里填塞的东西愈少，就越能发挥潜能。从此，理查学会了在人生各个阶段中定期解开包袱，随时寻找减轻负担的方法。

美国畅销书作家柯维指出：生命的进行就如同参加一次旅行。你可以列出清单，决定背包里该装些什么才能帮你到达目的地。但是，记住，在每一次停泊时都要清理自己的背包：什么该丢，什么该留，空出更多的地方来，让自己活得更轻松、更自在。

你一定有过年前大扫除的经验吧：当你一箱又一箱地打包时，是不是惊讶自己在过去短短几年内，竟然累积了那么多的东西；是不是懊悔自己为何事前不花些时间整理，淘汰一些不再需要的东西，否则，就不会累得连背都直不起来。

柯维指出，大扫除的懊恼经验，让很多人懂得一个道理：人一定要随时清扫、淘汰不必要的东西，日后才不会变成沉重的负担。

人生又何尝不是如此！在人生路上，每个人都在不断地累积东西，这些东西包括名誉、地位、财富、亲情、人际、健康、知识等，当然也包括了烦恼、忧闷、挫折、沮丧、压力等。这些东西，有的早该丢弃而未丢弃，有的则是早该储存而未储存。

问自己一个问题：自己是不是每天忙忙碌碌，疲惫不堪，以至于总是没能好好静下来，替自己做清扫？

对那些会拖累你的东西，必须立刻放弃——心灵扫除的意义，就好像是生意人的“盘点库存”。你总要了解仓库里还有什么，某些货物如果不能限期销售出去，最后很可能会因积压过多拖垮你的生意。

很多人都喜欢房子清扫过后焕然一新的感觉。你在拭掉门窗上的尘埃与地面上的污垢，让一切整理就绪之后，整个人好像突然得到一种释放。

在人生诸多关口上，你几乎随时随地都得做清扫。念书、出国、就业、结婚、离婚、生子、换工作、退休……每一次的转折，都迫使你不得不丢掉旧的你，接纳新的你，把自己重新“清扫一遍”。

不过，有时候某些因素也会阻碍你放手进行扫除。譬如，太忙、太累；或者担心扫完之后，必须面对一个未知的开始，而你又不能确定哪些是你想要的。万一现在丢掉的，将来需要时又捡不回来怎么办？

的确，心灵清扫原本就是一个挣扎与奋斗的过程。不过，你可以告诉自己：每一次的清扫，并不表示这就是最后一次。而且，没有人规定你必须一次全部扫干净。你可以每次扫一点，但你至少必须立刻丢弃那些会拖累你的东西。

《瓦尔登湖》的作者梭罗，为了写一本书，他到森林中度过了两年隐士生活。他以自己种豆和玉蜀黍为食，摆脱了一切剥夺他时间的琐事俗务，专心致志，去体验林间湖上的景色和他内心所产生的共鸣，从中发现许多道理，而完成了这本名著。

常有人叹息生活忙乱，负担沉重。当然，人生有许多推不开的负担，但是，在这些负担之中，有许多是不必要的。如果太贪多、太求全或太急切反而会使自己顾此失彼。

生命里填塞的东西愈少，就愈能发挥潜能。

要想做到当提起时提起，当放下时放下，关键就是尽量包容自己，也尽量理解别人。别计较太多，别承载太多，学会放下，像雪松那样弯下身来，释下重负。选择一种弹性的生活方式，为自己在压力面前营造一种积极的心态，让自己不再有烦恼，还心灵一份宁静。

放下是一种大智慧

放弃是一种勇气，放弃不等于背叛自己，有时候，我们的放弃会让我们变得高尚，会使我们的生活变得晴空万里。

拥有的时候，我们也许正在失去，而放弃的时候，我们也许又在重新获得。其实对万事万物我们不可能有绝对的把握，如果刻意去追逐与拥有，人生那种不由自主的悲哀与伤感会更加沉重。

我们总以为快乐是“获得”，其实正好相反。最有福的人，其实是手心向下的人，这个手心向下的动作，既是“放下”，更是“给予”。别忘了，快乐其实并不难。因为快乐就像一颗皮球，你将这颗球丢向别人，它马上就会反弹回来。不过，先决条件是，你的双手，必须先放下盈满私欲、负面情绪的水桶，才可能掷球。

有时候，我们放弃了一棵大树，就会得到整片森林！有时候，我们放弃了一滴水，就会拥有整个大海！有时候，我们放弃了一片洼地，就会占领一座高山！很多时候，放弃并不等于失去，当放弃了对梦想的追寻，回归到现实中，我们会发现有属于自己的美好等待着自己，并且为自己的将来敞开了一扇大门。

许多的事情，人们总是要在经历之后才会懂得适时的坚持与最终的放弃，在得到与失去中，要能够正确地认识自己。放弃了自己所珍爱的、期待的，学会重新进行选择。其实，生活中并不需要那么多无谓的执着，没有什么是不能割舍的。有时候，放下才是一种大智慧。

第八章　面对利弊的抉择

深思熟虑后再选择

优秀的性格比才气和博学更为重要，许多伟大人物并不具备才智过人的学识，但他们依靠性格的伟大，同样取得令人瞩目的成就，这一点往往超出常人的认识。深思熟虑就是一种优秀的性格。那么深思熟虑的优点主要表现在哪些方面呢？

一、面对重大抉择，保持平常心

由于深思熟虑的人受感情因素干扰较小，不容易激动、发怒，不光平时保持心平气和，而且注重个人内心的修养，因此面临人生重大选择时，最能保持平常之心。

二、深思熟虑，能作出更好的选择

理智的人大都不喜欢争名夺利，成名获利之后，也不会居功自傲、恃财欺人，他们深谙“谦受益，满招损”的道理，认为有福不可享尽，有势不可用尽，谨言慎行。

1781 年的约克敦大战胜利华盛顿成为各州拥戴的对象。有军方人士乘机进言，敦促华盛顿登上国王宝座。要王冠，还是要民主共和，是摆在华盛顿面前的两个选择；是选择一己私利，还是选择万民福祉，理智的华盛顿选择了后者。他功成身退，向大陆会议奉还总司令的职权,随后返回乡下的老家。主持起草美国《独立宣言》的杰斐逊评价说：“一个伟人的节制与美德，终于使渴盼建立的自由免于像其他革命那样招致扼杀。”

华盛顿归隐数年后，1789 年 1 月，他以无可争议的全票当选为美国首任总统。面对如此荣耀的冠冕，华盛顿丝毫也没有表现出兴高采烈、踌躇满志。相反，当他离开庄园去纽约赴任时竟然发出“犹如罪犯走向刑场”的感慨。他认为：“民众的热情是如此空前高涨，合众国的前途又是如此变幻莫测，假使自己的尝试失败，势将成为历史的罪人。”理智的性格使他小心翼翼，每迈一步都如临深渊、如履薄冰。

任期结束后，华盛顿谋求急流勇退，谁料选民们不答应，他又以全票当选为美国第二任总统。鉴于华盛顿的彪炳业绩和崇高威望，世人普遍认为他会终生连任。但他选择主动卸任，让位于亚当斯，为政坛民主更迭树立了良好的先例，从此形成了美国总统连任止于两届的惯例。华盛顿可以说是理智性格达到最为完美的人物，就在弥留之际他还要求仅合乎常礼的安葬，而且仅仅要故乡弗农山庄的一抔黄土、一座契合他淳朴风格的陵墓。

理智的性格使华盛顿赢得了世界人民的敬仰，可以说其性格得到完美的展示。

三、理智创业，积少成多

深思熟虑的人无论干什么，都是一步一个脚印地往前走，这样虽然不会一步登天，但是稳扎稳打，日积月累，同样也能成为命运的幸运儿。

深思熟虑还有很多优点，如不骄不躁、常思己过、奋发自新等。总的来说，面对抉择时深思熟虑是一种正面的、积极的态度。

不要怕便宜了别人

生活中总有这样的人，他们做事时一门心思只考虑不能便宜了别人，却忽视了考虑对自己是否有利。不便宜别人就得自己吃亏，所以做事要有心计，便宜别人又使自己得益则何乐而不为呢？

有这样一则笑话：

某人买回一堆小陶罐，大如拳，广口，给鸟喂食嫌大，装酱油还没盖儿。问他何意，此人双眼放光，用手比画：“才一毛八一个，多便宜。”是够便宜！大家看罐子有几十个，问干什么用。他一搔头皮，说：“这倒没想。”众人哄笑说，再便宜，没用也是白买。他正色说：“不对，这么便宜，我不买别人就要买呀。全包圆儿，不能便宜了别人！”

看来，卖陶罐的是因为发现此物没用才便宜卖。买罐的狂喜到了不计较用途的地步，而最大的快乐不在便宜，而在别人无法享受这种便宜。

这样的心理很多人都有。当他享受某种物用的乐趣时，一旦想到别人也在享用，就立刻黯然。报载，一位财阀不久前去世了，与他一道下落不明的还有斥资数千万美元收藏的两幅西洋名画。这是第二个用金钱消灭人类共同文化财富的例子。几年前，亦有一位财阀以凡·高的画殉葬。他们咽不下气的原因是：他们死了，而许多美好的东西仍然存在着，他们接受不了。这些财阀不见得爱画，但大家都说好，就要买下，而且让大家永远见不到它。

老怕便宜了别人，算计过甚，还是便宜了别人。买陶罐的便宜了卖陶罐的，最可恨的是那些以金钱消灭人类共同文化财富的人。这些人若无足够的警惕，早晚要吃亏。

怕便宜别人实则是一种狭隘甚至阴暗的心理，在生活中不妨放开心胸，不要聪明反被聪明误。

宁吃眼前亏，舍小利为大利

有人做事老把眼前利益看得很重，结果反而是失去了永远的利益。做事有心计的人宁吃眼前亏，因为他们知道这会换来人生的大胜利。

古时边塞有一老翁，丢了一匹马，邻居们都认为是件坏事，替他惋惜。塞翁却说："你们怎么知道这不是件好事呢？"众人听了之后大笑，认为塞翁丢马后急疯了。几天以后，塞翁丢的马自己跑了回来，而且还带回来一群马。邻居们看了，都十分羡慕，纷纷前来祝贺这件从天而降的大好事。塞翁却板着脸说："你们怎么知道这不是件坏事呢？"大伙听了，哈哈大笑，都认为塞翁是被好事乐疯了，连好事坏事都分不出来。不几天，塞翁的儿子骑新来的马玩，一不小心把腿摔断了。众人都劝塞翁不要太难过，塞翁却笑着说："你们怎么知道这不是件好事呢？"邻居们都糊涂了，不知塞翁是什么意思。事过不久，发生战争，所有身体好的年轻人都被拉去当了兵，派到最危险的第一线去打仗。而塞翁的儿子因为腿摔断了未被征用，他在家乡大后方安全幸福地生活着。

这就是老子所宣扬的辩证思想。基于这种辩证关系，我们可以明白，即使是看起来很坏的"吃亏"事，也会带来意想不到的好处。生活中此类事常见，如果你是个做事有心计的人，一定要懂得该忍就忍，有时看似吃亏的事反而是获得更大利益的前提和资本。

美国亨利食品加工工业公司总经理亨利·霍金士先生突然从化验室的报告单上发现，他们生产食品的配方中，起保鲜作用的添加剂有毒，虽然毒性不大，但长期服用对身体有害。如果不用添加剂，则又会影响食品的鲜度。

亨利·霍金士考虑了一下，他认为应以诚信对待顾客，毅然把这一有损销量的事情告诉每位顾客：防腐剂有毒，对身体有害。

这一下，霍金士面临了很大的压力，食品销路锐减不说，所有从事食品加工的老板都联合了起来，用一切手段向他反扑，指责他别有用心，打击别人，抬高自己，一起抵制亨利公司的产品。亨利公司一下子跌到了濒临倒闭的边缘。

苦苦挣扎了4年之后，亨利·霍金士已经倾家荡产，但他的名声却家喻户晓。这时候，政府站出来支持霍金士。亨利公司的产品又成了人们放心满意的热门货。

亨利公司在很短时间里便恢复了元气，规模扩大了两倍。

生活中的聪明人，做事有心计，善于从吃亏当中学到智慧。古人说“吃亏是福”，其前提有两个，一个是“知足”，另一个就是“安分”。“知足”则会对一切都感到满意，对所得到的一切内心充满感激之情；“安分”则使人从来不奢望那些根本就不可能得到的或者根本就不存在的东西。没有妄想，也就不会有邪念。所以，表面上看来，“吃亏是福”给人以不思进取之嫌，实际上，这些思想也是在教导人们能对自己有清醒的认识。

人非圣贤，谁都无法抛开七情六欲，但是，要成就大业，就得分清轻重缓急，该舍的就得忍痛割爱，该忍的就得从长计议。我国历史上刘邦与项羽在称雄争霸、建立功业上，就表现出了不同的态度，最终也得到了不同的结果。苏东坡在评判楚汉之争时就说，项羽之所以失败，就因为他不能忍，不愿意吃亏，白白浪费自己百战百胜的勇猛；汉高祖刘邦之所以能胜就在于他能忍，懂得吃亏，养精蓄锐，等待时机，直攻项羽弊端，最后夺取胜利。

楚汉战争中，刘邦的实力远不如项羽，当项羽听说刘邦已先入关，怒火冲天，决心要将刘邦的兵力消灭。当时项羽40万兵马驻扎在鸿门，刘邦10万兵马驻扎在灞上，双方只隔40里，兵力悬殊，刘邦危在旦夕。在这种情况下，刘邦先是请张良陪同去见项羽的叔叔项伯，再三表白自己没有反对项羽的意思，并与之结成儿女亲家，请项伯在项羽面前说句好话。然后，第二天一清早，又带着随从，拿着礼物到鸿门去拜见项羽，低声下气地赔礼道歉，化解了项羽的怨气，缓和了他们之间的关系。

表面上看，刘邦忍气吞声，项羽挣足了面子，实际上刘邦以小忍换来自己和军队的安全，赢得了发展和壮大力量的时间。刘邦对不利条件的隐忍，对暂时失利的坚忍，反映了他对敌斗争的谋略，也体现了他巨大的心理承受能力。

刘邦正是靠着吃一些眼前亏的技巧赢得了最后的胜利。有人说刘邦是一忍得天下，相信这种智慧和“心计”不是有勇无谋的人可以修炼到的本领。在今天的现实生活中，我们会遇到这样紧张的敌我关系，但无论在怎样的条件下，做事都要学会忍让，懂得吃亏，因为“塞翁失马，焉知非福”，舍小是为谋大。

学会放弃局部利益保全整体

当生活强迫我们必须付出惨痛的代价时，主动放弃局部利益而保全整体利益是最明智的选择。智者曰："两弊相衡取其轻，两利相权取其重。"趋利避害，这也正是放弃的实质。

在欧洲，有一首流传很广的民谚：为了得到一根铁钉，我们失去了一块马蹄铁；为了得到一块马蹄铁，我们失去了一匹骏马；为了得到一匹骏马，我们失去一名骑手；为了得到一名骑手，我们失去了一场战争的胜利。

为了一根铁钉而输掉一场战争，这正是不懂得及早放弃而导致的恶果。

生活中，有时不好的境遇会不期而至，搞得我们猝不及防，这时我们更要学会放弃。放弃焦躁性急的心理,安然地等待生活的转机。杨绛在《干校六记》中所记述的就是面对人生际遇所保持的一种从容和旷达。我们要对生活、对人生有一种超然的关照，即使达不到这种境界，我们也要在学会放弃中争取活得洒脱一些。

人之一生，需要我们放弃的东西很多，古人云，鱼和熊掌不可兼得。几十年的人生旅途，会有山山水水、风风雨雨，有所得也必然有所失，只有我们学会了放弃，才会拥有一份成熟，才会活得更加充实、坦然和轻松。

比如大学毕业分手的那一刻，当同窗数载的朋友紧握双手，互相轻声说保重的时候，每个人都止不住泪流满面……放弃一段友谊固然会于心不忍，但是每个人毕竟都有各自的旅程，我们又怎能长相厮守呢？固守着一位朋友，只会挡住我们人生旅程的视线，让我们错过一些更为美好的人生山水。学会放弃，我们就有可能拥有更为广阔的友情天空。

放弃一段恋情也是困难的，尤其是放弃一场刻骨铭心的恋情。但是既然那段岁月已悠然遁去，既然那个身影已渐行渐远，又何必要在一个地点苦苦地守望呢？不如冷静地后退一步，学会放弃，一切又会柳暗花明。

不要“只见树木，不见森林”

一个不懂得权衡利弊的人最容易只见树木而不见森林，他们心里常想眼下有多少利益，而使他们损失的是长远的好处。往往有很多事表面上看来是能获利的，但是整体看来却是损失。常言说得好：“不要因小失大。”这种反面的例子比比皆是。

有的人很喜欢坚持自己的意见而违拗别人，任性，利欲熏心，毫不考虑将来。这样的人选虽然一样有才能、一样有知识，但是因为只追逐眼前的利益，为眼前的利益所左右，最后只会得小利，失大利。而与之相反，那些懂得权衡利弊、善于舍弃小利的人却能从失去一片“树木”中得到整座“森林”。

传说东南地区的珍品，当数荆山的鹿脐最为贵重，而且人人欲得。荆地有个追捕鹿的人，紧紧追逐一只鹿不放，鹿被追得急了，只好把身上的脐挤出来，扔到树林里。追捕的人在那里得到鹿脐，也就不再追了，鹿因此得到机会逃脱了危险。鹿因为敢于舍弃自身的小利，从而保住了性命。

其实暂时的舍弃是为了更好的选择，一个成大事的人，往往能权衡利弊，敢于舍弃。而目光短浅的人，总是固守着所有的一切，什么都不想放下，结果让自己受累不说，还把自己困在了无形的牢笼之中。

有一行人在前往加利福尼亚州的路上被大雪阻隔，他们被困在关口里。40天后，有一半的人陆续死于饥饿和疾病。

最后，终于有两个人决定出去求援。他们在徒步可以到达的范围之内，很快就到达了一个村庄，并带回一个救援队，使其他幸存者得以获救。

你是否觉得好奇，在面临饥饿和死亡的状态下，他们为什么等待了 40 天，才决定放弃那个地方？为什么没有人愿意冒险出去求援？原因很简单——他们不懂得权衡利弊，不舍得放弃，在关系到生命的关键时刻，他们还抱着身边的财产不放。他们曾试图把马车和财物拖走，结果搞得筋疲力尽却徒劳无功，只好作罢。就这样任由大雪围困在关口，直到耗尽所有的食物和供给。

想想看，我们是否也经常陷入这种“关口”呢？由于害怕失去既有的社会地位、丰厚的收入、漂亮的办公室以及握在手中的权力，多少人放弃了新工作的挑战，宁可守着一份并不喜欢的工作，虚度数十年的光阴。当你的生命越往前走，你就聚积越多的包袱和负担——财产、名位、习惯、人际关系、应该做的、必须做的……这些不断地增加，于是更加依恋这熟悉的一切，舍不得放下。由于害怕失去拥有的一切，多少人不愿意冒险、恐惧突破，不敢离开那种一成不变的生活，以致平凡无趣地走完一生。

这也就是为何有那么多人把自己困在无形的牢笼内，而无法走出生命中的“关口”的原因。

一个人在成功的道路上要想走远，就得放弃眼前利益，要权衡利弊，舍小取大。眼光长远的人往往不容易被眼前的得失所迷惑，有很多成功人士的例子都说明了这一点。他们有的面临着金钱的诱惑，有的经历了困境的阻挠，但他们往往能够执着于自己的梦想，权衡利弊，善于取舍，从而摆脱眼前利益的诱惑，冲破困境的束缚。

眼光长远的人往往能走在时代的前沿。他能看见别人所不能看见的东西，掌握事物发展的未来趋势，因而能先行一步。在这个竞争日趋激烈、创业变得很艰难的时代里，这是成功不可或缺的元素。

短视者只能迎接失败，即使他们曾经拥有过很优越的条件。他们往往被眼前的利益所迷惑，在透支享受今天的同时，忘记或忽略了给明天播种，最后只能被明天抛弃。

因此，你一定要记住，眼前的利益或许更具诱惑力，但你必须知道什么东西更值得你去期待，切不可“只见树木，不见森林”。

第九章　面对苛求与宽容的抉择

宽容，人生难得的佳境

相传古代有位老禅师，一天夜晚在禅院里散步，突见墙角边有一张椅子，他一看便知是有出家人违犯寺规越墙出去溜达了。老禅师也不声张，走到墙边，移开椅子，就地而蹲。少顷，果真有一小和尚翻墙，黑暗中踩着老禅师的背脊跳进了院子。当他双脚着地时，才发觉刚才踏的不是椅子，而是自己的师傅。小和尚顿时惊慌失措，张口结舌。但出乎小和尚意料的是，师傅并没有厉声责备他，只是以平静的语调说："夜深天凉，快去多穿一件衣服。"

老禅师宽容了他的弟子。他知道，宽容是一种无声的教育。

在日常生活中，当没有道德的"对手"出于内心的丑恶，在我们背后说坏话做恶事时，我们是伺机报复，还是宽容？当我们亲密无间的朋友，无意或有意做了令我们伤心的事情时，我们是从此分手，还是宽容？冷静地想一想，还是宽容为上。

有人说宽容是软弱的象征，其实不然，有软弱之嫌的宽容根本称不上真正的宽容。宽容是人生难得的佳境——一种需要操练、需要修行才能达到的境界。

心理学家指出：适度的宽容，对于改善人际关系和身心健康都是有益的，这种宽容，指的是对于子女或别人在生活、工作、学习中的过失、过错采取适当的“羞辱政策”，从而有效地防止事态扩大而加剧矛盾，避免产生严重后果。大量事实证明，不会宽容别人，亦会殃及自身。过于苛求别人或苛求自己的人，必定处于紧张的心理状态之中。由于内心的矛盾冲突或情绪危机难于解脱，极易导致机体内分泌功能失调，使肾上腺素、去甲肾上腺素过量分泌，引起体内一系列劣性生理化学改变，造成血压升高，心跳加快，消化液分泌减少，胃肠功能紊乱，等等，并可伴有头昏脑涨、失眠多梦、乏力倦怠、食欲不振、心烦意乱等症候。紧张心理的刺激会影响内分泌功能，而内分泌功能的改变又会反过来增加人的紧张心理，形成恶性循环，贻害身心健康。有的过激者甚至失去理智而酿成祸端，造成严重后果。而一旦宽恕别人之后，心理上便会经过一次巨大的转变和净化过程，使人际关系出现新的转机，诸多忧愁烦闷也可得以避免或消除。

不要轻易指责他人

英国一作家曾经写道：“失足引起的伤痛很快就可以恢复，然而，失言所导致的严重后果，却可能使你终身遗憾。”

一个人若想和上司、同事建立良好的人际关系，一定要记住：保持适当距离，做事公私分明，尤其要注意，言谈之间不要说到别人的痛处，更不要轻易指责别人。

把说，本杰明·富兰克林年轻的时候不仅善辩，而且十分好辩。只要听到身边的人说出不正确的话，做出不正确的事，他就忍不住要给人家指出来。如果那个人不服气，他一定把人家辩得体无完肤，结果得罪了不少人。

一天，一位教友会里的老教友把他叫到一边，结结实实地把他训了一顿："富兰克林，你太不应该了。你打击跟你意见不合的人，现在已没有任何人理会你的意见。你的朋友发觉你不在场时，他们会获得更多的快乐。你知道得太多了，以致再也不会有人告诉你任何事情……其实，你除了现在极有限度的知识外，不会再知道其他更多了。"

富兰克林之所以能成功，成为美国历史上一位以能干、和蔼和善于外交而著名的人物，要归功于那位老教友尖锐有力的教训。那时富兰克林的年纪已不小，有足够的聪明来领悟其中的道理。他深深知道，如果不痛改前非，将会遭到社会的唾弃。所以他把自己过去所有不切合实际的人生观完全改了过来。

后来，富兰克林在他的传记中写道："我替自己定了一项规则，我不让自己在意念上跟任何人有不相符的地方，我不固执地肯定自己的见解。凡有肯定含意的字句，就像'当然的'、'无疑的'等话，我都改用'我推断'、'我揣测'，或者是'我想象'等话来替代。当别人肯定地指出我的错误时，我放弃立刻就向对方反驳的意念，而是作婉转的回答，如：在某一种情形下，他所指的情形是对的，但是现在可能有点不同。不久，我就感觉到，由于我态度改变所获得的益处：我参与任何一处谈话的时候，感到更融洽、更愉快了；我谦虚地提出自己的见解，他们会快速地接受，很少反对；当人们指出我的错误时，我并不感到懊恼。在我'对'的时候，我更容易劝阻他们放弃他们的错误，接受我的见解。这种做法，起先我尝试时，'自我'很激烈地趋向敌对和反抗，后来很自然地形成了习惯。在过去50年中，可能已没有人听我说出一句武断的话来。在我想来，那是由于这种习惯的养成，使我每次提出一项建议时，都得到人们热烈的支持。我不善于演讲，没有口才，用字艰涩，说出来的话也不得体，可是大部分有关我的见解，都能获得人们的赞同。"

富兰克林的方法，用在商业上又如何？

玛霍尼是出售煤油业专用设备的商人。长岛的一位老主顾，向他订制了一批货。那批货的制造图样已呈请批准，机件已在开始制造中，可是一件不幸的事突然发生了。

这位买主跟他的朋友们谈到这件事，那些朋友提出了多种见解和主张，有的说太宽太短，有的说这个那个。他听朋友们这样讲，顿时感到烦躁不安起来，立即打了个电话给玛霍尼，说绝对拒绝接受那批正在制造中的机件设备。

玛霍尼先生这样描述当时的情形：

“我很细心地查看，发现我们并没有错误……我知道这是他和他的朋友们不清楚这些机件的设计过程。可是，如果我直率地说出那些话来，那不但不恰当，反而对这项业务的进展非常危险。所以我去了一趟长岛。

“我刚进他办公室，他马上从坐椅上跳了起来，指着我声色俱厉地报怨。最后他说：‘现在你打算怎么办？’我心平气和地告诉他：‘你有什么打算，我都可以照办不误。’

“我对他这样说：‘你是出钱的人，当然要给你所适用的东西。如果你认为你是对的，请你再给我一张图样。虽然由于进行这项工作，我们已花去2000美元。我情愿牺牲2000美元，把进行中的那些工作取消，重新开始做。不过我必须把话先说清楚，如果我们按你现在给我的图样制造，有任何错误的话，那责任在你，我们不需要负任何责任。可是，如果按照我们的计划，在制造的过程中如果发现有任何差错，则由我们全部负责。’

“他听我这样讲，这股怒火似乎渐渐平息下来，最后他说：‘好吧，照常进行好了，如果有什么不对的话，只好求上帝帮助你了。’

“结果，当然是我们做对了，现在他又向我们订了两批货。

“当那位主顾侮辱我，几乎要向我挥拳，指责我不懂自己的业务时，我用了我所有的自制力，尽量让自己不跟对方争论。那需要有极大的自制力，可是我做到了，那也是值得的。当时如果我告诉他，那是他的错误，并开始争论起来，说不定还会向法院提出诉讼。而其结果不只是双方起了恶感并造成经济上的损失，同时我会失去一个极重要的主顾。我深深地体会到，直率地指出人家的错误，是不值得的。”

让我们再看下一个例子。

纽约一木厂的推销员克劳雷，这些年来，一直在说木材检查员的错处，他常在争论中获胜，可是却没有得到过一点好处。就是由于好争辩，克劳雷的两家木厂损失了上万元的钱。后来他决定改变自己，不再争辩了，结果如何呢？他是这样说的：

“有一天早晨，我办公室的电话铃响了，那是一个愤怒的顾客打来的电话，他说我们送去工厂的木材，完全不适用。他的工厂已停止卸货，并且要求我们立即设法把那些货从他们工厂运走。当他们卸下一车的1/4货时，他们的木料检查员说，木料在标准等级以下55%。在这种情形下，他们拒绝收货。

“我知道这情形后，立即赶往他的工厂。在路上，我心里就盘算，什么才是处理这件事的最好方法呢？在平常我遇到这种情形时，就需引证出木料分等级的各项规则；同时以我自己做检查员的经验和常识，来获取那位检查员的相信。我有充分的自信，木料确实合乎标准，那只是他检查时误解了规则。可是，我还是运用了从讲习班中所学到的原则。

“我到了那家工厂，看到采购员和检查员的神色都很不友善。似乎已准备了要跟我谈判。我来到他们卸木料的地方，要求他们继续卸货，以便让我看看错误出在什么地方。我请那位检查员把合格的货放在这边，把不合格的放在另一边。

“看过一阵子后，我发现他的检查似乎过于严格，而且弄错了规则。这次的木料是白松，我知道这位检查员只学过关于硬木的知识，而对于眼前的白松，并不是很内行。至于我，则对白松知道得最清楚，可是，我是不是对那检查员有不友好的表示？不，绝对没有。我只注意他如何检查，试探地问他那些不合格的原因在什么地方。我没有任何暗示，也没有指出是他错了。我只作这样的表示：为了以后送木材时不再发生错误，所以才接连地发问。

“我以友好合作的态度，跟那位检查员交谈，同时还称赞他谨慎、能干，说他找出不合格的木材来是对的。这样一来，我们之间的紧张气氛渐渐地消失了，接着也就融洽起来。我会极自然地插进一句，那是经我郑重考虑过的话，使他们觉得那些不合格的木材应该是合格的。可是我说得很含蓄、很小心，让他们知道我不是故意这样说的。

“渐渐地，他的态度改变了！他最后向我承认，他对白松那类木材并没有很多的经验，他开始向我讨教各项问题。我便向他解释，什么是一块合乎标准的木材。可是我又作这样的表示，如果不合他们的需要，他们可以拒绝收货。最后，他发现错误在他自己，原因是他们并不需要上好的木料。

“我走后，这位检查员又将全车的木材检查了一遍，而且全部接受下来，同时我也收到一张即期支付的支票。

“从这一件事看来，任何事情并不需要告诉对方：他是如何犯了错误。在我来讲，我替公司挽回了150万元的损失，而双方所留下的好感，那就不是用金钱所能估量的了。”

我们应该牢记：尊重别人的意见，永远不要轻易地去指责对方的错误。

不要用他人的错误惩罚自己

气愤和悲伤是追随心胸狭窄者的影子。生气的根源不外是异己的力量——人或事侵犯、伤害了自己的利益或自尊心等，一言以蔽之，认定别人做错了，于是勃然作色，恶从胆边生；咬牙切齿，怒从心头起。其实，凡此种种生理反应无非是在惩罚自己，而且是为他人的错误！显然不值。

宽容地对待我们的敌人、仇家、对手，在非原则的问题上，以大局为重，我们会得到退一步海阔天空的喜悦、化干戈为玉帛的喜悦、人与人之间相互理解的喜悦。要知道我们并非踽踽独行，在这个世界上，我们各自走着自己的生命之路，熙熙攘攘，难免有碰撞，所以即使心地最和善的人也难免会伤到别人的心。如果冤冤相报，非但抚平不了心中的创伤，而且只能将伤害者捆绑在无休止的争吵之中。

三国时，诸葛亮初出茅庐，刘备称之为“如鱼得水”，而关、张兄弟却不以为然。在曹兵突然来犯时，兄弟俩便“鱼”呀“水”呀地对诸葛亮冷嘲热讽。诸葛亮胸怀全局，毫不在意，仍然重用他们。结果新野一战大获全胜，使关、张兄弟佩服得五体投地。如果诸葛亮当初跟他们一般见识，争论纠缠，势必造成将帅不和，人心分离，哪能有新野之胜和以后更多的胜利呢？

宽容是一种博大的胸怀，它能包容人世间的喜怒哀乐；宽容是一种境界，它能使人跃上大方磊落的台阶。

学会建立相互宽容的人际关系

宽容是一种修养，一种气度，一种品德。如果我们每个人都有宽容忍让的心态，那么这个社会肯定会变得更加美好，人与人之间的关系也将变得更加和谐。

在与他人的相处中，一些人常为鸡毛蒜皮的小事争得面红耳赤，谁都不肯甘拜下风，以致大打出手。事后静下心来想想，当时若能忍让三分，自会风平浪静，小事化无，言归于好。事实上，越是有理的人，如果表现得越谦让，越能显示出他胸襟坦荡，反而更能得到他人的钦佩。

汉朝时有一位叫刘宽的人，为人宽厚仁慈。他在南阳当太守时，小吏和百姓做了错事，他只是让差役用鞭责打蒲草，以示羞辱，从而深得民心。刘宽的夫人想试着让丈夫发怒，便让婢女在他和属下集合办公的时候捧出肉汤，把肉汤泼在他的官服上。要是一般的人，必定会把婢女责打一顿，即使不如此，至少也要怒斥一番。但是刘宽不仅没发脾气，反而问婢女："肉羹有没有烫着你的手？"还有一次，有人曾经错认了刘宽驾车的牛，硬说牛是自己的。刘宽什么也没说，叫车夫把牛解下来给那人，自己步行回家。后来，那人找到自己的牛，便把牛送还刘宽，并向他赔礼道歉，刘宽反而安慰那人。

这就是有礼让三分的做法，由此足见刘宽为人宽容之肚量确实超乎一般。他感化了人们，也赢得了人心。

人人都有自尊心和好胜心，在生活中，对一些非原则性的问题，我们为什么不显示出自己的容人雅量呢？

俗话说，人无完人，每个人都难免会有过失，因此每个人都有需要别人原谅的时候。不过很奇怪，每个人对待自己的过错，往往不如看他人的那样严重。大概是因为我们对自己犯错的原因了解得很清楚，对于自己的过错就比较容易原谅，所以我们应该"以恕己之心恕人"，对于别人所犯的错误更应给予体谅。

做一个能够容纳他人优点和缺点的人，才会受到他人的欢迎。相反，那些对人吹毛求疵、批评说教起来没完没了的人，哪里会拥有知心的朋友呢？人们对他只会敬而远之。

在提及宽广的胸怀时，人们往往以大海作比，海能广纳百川，也不拒暴雨和冰雹；也有人把忍耐性比作弹簧，具有能伸能屈的韧性。有人说过这样一句话：“谁若想在困厄时得到援助，就应在平时待人以宽。”就是说，相容接纳、团结更多的人，在顺利的时候共奋斗，在困难的时候共患难，进而增加成功的力量，创造更多的成功机会。反之，相容度低，则会使人疏远，减少合作力量，人为地增加阻力。

宽以待人，要将心比心，推己及人。推己及人，是以自己为标尺，衡量自己的举止能否为人所接受，其依据是人同此心，心同此理，将心比心，设身处地。还可以用角色互换的方法，假设自己站在对方的位置上，想一想对方会有什么反应、感觉，从而理解他人，体谅他人。懂得了这点，当别人理短时宽容他，他人才会在自己理短时宽容我们，以此建立相互宽容的人际关系。

宽恕他人，让生活更幸福

要使一个人的心智更健全，内心更有力量，还有什么因素能比对别人宽恕更重要呢？宽恕别人，不仅是为他们造福祉，更是为我们的心灵寻求平和。

把宽恕作为日常生活的一部分和一种精神实践，能让我们摆脱愤怒、怨恨和畏惧的纠缠。不加宽恕，我们的心灵和思想就会笼罩着一层仇恨、痛苦和迷惘的阴霾。宽恕既不是冷漠无情，也不是“哦，我最好把它忘了”，而是一种大度的胸怀和心灵的释然。

我们也许能憎恶某种行为，并为制止这种行为再度发生而不懈努力，同时，我们又能把这种行为牢记心头，让自己保持心智健全，重新找回自己的幸福感。这种做法可以给我们不断增添新的力量，继续完成我们的人生之旅。

有两个和尚被当作犯人羁押了好几年，他们俩都遭到了非人的待遇和酷刑的折磨。后来，其中的一个和尚问另一个和尚，会不会宽恕关押他们的人。这个和尚回答道："永远不会！"问话的这个和尚听完后只说了一句："那么我想，你永远只配做个囚犯。"

宽恕不过是一种由我们打造的工具，最终受益者是我们自己。试想一下，在我们的生活中，有什么东西能比宽恕更能帮助我们治愈巨大的心理创伤？是锻炼身体、饮食健康、计算财富、表达愤怒，还是历数成就？除了真心给予他人宽恕之外，我们找不出任何比这更有力量和更有治愈效果的东西。

无论我们经历的是离婚、抢劫，还是性质相同的其他悲惨遭遇，宽恕都是帮助一个人治愈心灵创伤、获取最终幸福的主要工具。在人的成长过程中、个性发展的过程中以及创业的过程中，都缺少不了宽恕。

学习对别人宽恕有两种方式：一是有意识地学习，二是在痛苦中学习。我们遭受的痛苦也分为两种：一种是寂寞无声的，一种是喧嚣吵闹的。但不管是哪一种，痛苦都是一种现实存在。

宽恕是人生的核心主题，但这并不代表要对我们曾受到的不好待遇或遭受的巨大痛苦给予宽恕，而是指，要对在我们整个人生中所有发生的事情、所犯的错误、产生的失望以及心中蛰伏的怨恨给予宽恕。

人人都要经受痛苦的磨砺，尽管我们竭尽全力，试图改变或免受痛苦，但若想百分之百地避免，则比登天还难。只有秉持这个观点，在发现自己不过是普通人时我们才能宽恕自己。

只要我们恪守同属凡人的信念，我们就能慷慨献出宽恕之心，并继续我们的生命之旅。只有承认我们都是普通人，我们才能共享人性的仁慈、和谐的氛围。

倘若宽恕能从家庭做起，从每个人做起，那么这个世界岂不更加美好，我们的生活岂不更加幸福？

包容别人就是爱自己

生活当中，我们会对一些不公平的事表示愤怒，然而盛怒之下，往往会导致身心受损。难解的怒气在胸，就会有种不明的压力，使得我们情绪不稳，心神不安，整天恍恍惚惚。在这种精神状态下，不仅工作、学习的效率大大降低，还有可能出现差错和事故。

服装业商人施瓦茨就是因为能够容忍别人的无礼、怪僻等诸多不足之处才走向成功的。

在创业初期，有一次他拿着样品经过一家小店，却无缘无故地被店主讥讽嘲笑了一番，说他的衣服只能堆在仓库里，再过100年也卖不出去。施瓦茨并没有反唇相讥，而是诚恳地向对方请教，结果发现那位店主说得头头是道。施瓦茨大为吃惊，愿意高薪聘用他，然而他不但不领情，还讽刺了施瓦茨一顿。施瓦茨并没有放弃说服这位店主，他运用各种方法打听，才知道这位店主居然是一位极其杰出的服装设计师，只是因为他性情怪僻而与多位上司闹翻，一气之下才发誓不再设计，改行做商人的。施瓦茨弄清楚事情的真相后，三番五次地登门拜访，并且诚心请教。这位设计师仍然是火冒三丈，劈头盖脸地骂他。然而施瓦茨还是常去看望他，和他聊天并给予热情的帮助。到最后，这位设计师自己都感到不好意思了，终于答应出山。后来，这位设计师创造出巨大效益，他帮助施瓦茨建立了自己的事业。

学会包容，学会大度，是我们每个人生活中的一件大事，整天被不满、怨恨心理所控制的人是最痛苦的人。学会了包容，也就是学会了爱自己。

中国有句俗话叫“得饶人处且饶人”，在现实生活中，大家难免会出现摩擦和冲突，如果谁也不礼让，得理方得理不让人，态度倨傲蛮横，这种态度不但不能让对方认识到自己的错误，相反，会因此激怒对方，产生更大的冲突。

有人会说宽容别人，那就是让自己吃亏，至少很没面子。事实上，宽容别人恰恰会表现出一个人高尚的品德。

谁会不犯一点儿错误呢？宽容，也能让自己紧张的心情放松。生气是拿别人的错误惩罚自己，而宽容则是自我解放的一种方式。如果一个人始终生活在埋怨、责怪、愤怒当中，那么他不仅得不到本应属于他的快乐、幸福，甚至会让自己变得冷漠、无情和残酷，后果是很可怕的。

学会包容别人，让生命中美好的阳光渗透到我们的心灵，让一切笼罩生活的阴影随之飘散，相信我们会拥有更完美的人生。

对人宽容不是自己软弱

宽容，不管对人对己都可成为一种无需投资便能获得的“精神补品”。学会宽容不仅有益于身心健康，而且对赢得友谊，保持家庭和睦、婚姻美满，乃至事业的成功都是必要的。因此，在日常生活中，无论对子女、对配偶、对老人、对学生、对领导、对同事……都要有一颗宽容的爱心。宽容，它往往折射出一个人处世的经验，待人的艺术，良好的涵养。学会宽容，需要吸取多方面的“营养”，需要时常把视线集中在完善自身的精神结构和心理素质上。

当然，宽容决不是无原则的宽大无边，而是建立在自信、助人和有益于社会基础上的适度宽大，必须遵循法制和道德规范。对于绝大多数可以教育好的人，宜采取宽恕和约束相结合的方法；而对于那些蛮横无理、屡教不改的人，则不应手软。从这一意义上说，“大事讲原则，小事讲风格”乃是应取的态度。

处处宽容别人，决不是软弱，决不是面对现实的无可奈何。在短暂的生命里程中，学会宽容，意味着你的人生更加快乐。

宽容，首先包括对自己的宽容。只有对自己宽容的人，才有可能对别人也宽容。人的烦恼主要来源于自己，即所谓画地为牢、作茧自缚。电视剧《成长的烦恼》讲的都是烦恼之事，但是剧中是的父母对儿女、邻居的宽容，最终把烦恼化为了笑声。

每个人都各有所长，也各有所短。争强好胜容易失去做人的乐趣。只有承认自己某些方面不行，才能扬长避短，才能不因嫉妒之火吞灭心中的灵光。

唐朝谏议大夫魏徵，常常犯颜苦谏，屡逆龙鳞，而唐太宗以宽容为怀，把魏徵看作是照见自己得失的“镜子”，终于开创了史称“贞观之治”的太平盛世。

如果一语龃龉，便遭打击；一事唐突，便种下祸根；一个坏印象，便一辈子忌恨，这就不是宽容。真正的宽容，应该是能容人之短，又能容人之长。

宽容无法改变过去，但可以改变未来

宽容，可以化解世界上的一切矛盾。宽容是对别人的宽释，也是对自己的善待。选择宽容，丝毫无损于你的尊严，相反会有助于你在宽容中穿越平庸。

竞争的时代，我们无法拒绝被伤害。有时，甚至眼睁睁看着智慧被夺走，成就被贬低，爱情被摧残……屡屡遭遇锱铢必较的烦恼，争奇斗巧的排斥，以及阴险的谋算，我们的努力与真诚换回的可能仅是一地破碎。

可是，“冤冤相报何时了”，我们在日常生活中要学会忘记和善于忘记。不原谅别人，表面上是对别人的惩罚，其实真正倒霉的人却是我们自己。

多包容别人一点，别人也会很好地对待你，这样，你才会有一份好心情。

北美原始森林里，有一种灰熊。当它被猎人布设的夹子夹住后，它会用尖锐的牙齿啃断自己的爪骨。之后，便躲起来，用舌头舔自己的伤。

对此，有一种解释是：熊是在伺机报复，等待猎人出现，而后去攻击他，以报残爪之仇。而当地的猎人说，熊根本没有报复的念头。受伤后，熊只记着：残了，也要好好活下去！灰熊之所以残了也要好好活着，应该是源于它对猎人的宽容。

一个心胸窄小的人，必然会因孤独而陷入忧郁和痛苦之中；而宽宏大量，与人为善，则会讨人喜欢，受人尊重，因而能更多地体验成功的喜悦。疼痛之余，问一问自己："我凭什么就不可以被伤害？"而后，宽容地生活下去。这是我们唯一能做的。遭遇排挤伤害时，我们不妨做一只大度的熊：残了，也要宽容地生活下去！

宽容是处世的需要，如果一个人总是锱铢必较，不仅会遭人厌恶，有时还会招来怨恨，因此，常怀一颗宽容之心，则会赢得人们的尊敬。宽容，可以化解这世界上的一切矛盾。乐于忘记恩怨是成大事者的一个特征，既往不咎的人，才可以甩掉沉重的包袱，轻装前进。

诺贝尔和平奖获得者纳尔逊·曼德拉是一位国际政坛的风云人物，他一生都致力于反对种族歧视政策，在度过了长达 27 年失去自由的监禁生活后，1990 年 2 月 10 日，南非政府宣布无条件释放曼德拉。

已是 76 岁高龄、两鬓斑白的曼德拉，在南非首度不分种族的大选中获胜，成为南非第一位黑人总统，有 5 万人参加了他的就职典礼。总统就职仪式开始后，曼德拉起身致辞欢迎来宾。他先介绍了来自世界各国的政要，然后他说，虽然他深感荣幸能接待这么多尊贵的客人，但他最高兴的是当初他被关在罗本岛监狱时，看守他的三名前狱方人员也能到场。接着，他邀请他们站起身，将他们一一介绍给大家。

曼德拉被关在罗本岛总集中营的一个“铁皮房”，成天打石头，还做采石灰的工作。专门看守他的三名狱方人员，对他并不友好，总是寻找各种理由虐待他。

曼德拉的这个举动震惊了整个世界。曼德拉博大的胸襟和宽宏的气度，让南非那些残酷虐待了他27年的白人无地自容，也让所有到场的人肃然起敬。

曼德拉获释当天曾激动地说：“当我走出囚室，迈向通往自由的监狱大门时，我已经清楚，自己若不能把悲痛与怨恨留在身后，那么我其实仍在狱中。”

曼德拉以博大胸怀书写着一个坦荡而豁达的传奇，体现了一种包容万事万物的海量。人的心其实是另一所监狱，如果深陷其中无法自拔，成为自己的囚徒，那才是最大的痛苦。

宽容是一种气度，其含义也不仅仅限于人与人的理解与关爱，而是内心的旷达与博爱。宽容是一种仁爱的光芒，一个人的胸怀能容得下多少人，才能够赢得多少人。

宽恕那些伤害过自己的人

避免痛苦最好的方法，就是宽恕曾经伤害过我们的人。宽恕不只是慈悲，更是修养。人们在受到伤害的时候，最容易产生两种不同的反应：一种是憎恨，一种是宽恕。憎恨的情绪，使人浸泡在痛苦的深渊里，反复数落对方的不是，也不断地懊悔自己当初所做的种种不理智的行为。如果憎恨的情绪持续在心里发酵，可能会使生活逐渐失去秩序，行为越来越极端，最后一发不可收拾。所以，我们一定要舍去这种憎恨的心理。

而宽恕就不同了。宽恕必须经历从“怨怒伤痛”到“我认了”这样的情绪转折，最后认识到不宽恕的坏处，从而积极地去思考如何原谅对方。多数的心理学家都认为，在被伤害、憎恨到平复、重修旧好的过程当中，人们肯定会经历一些困难的挣扎。

宽恕之所以很困难，是因为我们都认为，每个人都应该为自己所犯的错误付出代价，这样才符合公平正义的原则，否则岂不便宜了犯错的一方？但是不宽恕会产生什么结果呢？例如痛苦、埋怨、憎恶、报复等，这些结果值不值得被伤害人再承受，恐怕这才是更重要的一个问题。

不愉快的记忆，使我们不能从被伤害的阴影中解脱，痛苦总是如影随形，我们也就无法放松和平静。所谓没完没了，既不能释放对方，也可能使自己成为一名心灵被俘虏的囚犯。

有哲人说："也许在很久以前，有人伤害了你，而你却忘不了那件不愉快的往事，到现在还痛苦不堪，那就表示你还在继续接受那个伤害。其实你是很无辜的，你要了解到，你并不是世界上唯一有这种经验的人。赶快忘掉这不愉快的记忆，只有宽恕才能释放你自己，让你松一口气。"

宽恕，是建立在爱的基础上的道德情感。

第二次世界大战期间，一支部队在森林中与敌人相遇，激战到最后，两名战士与部队失去了联系。他们之所以在战场上还能互相照顾，彼此不分，因为他们是来自同一小镇的朋友。十多天过去了，他们仍未能与部队联系上，也仅剩下一点儿鹿肉由年轻一点儿的战士背着。

一天，他们在森林里又遇到了敌人，经过一阵激战，他们巧妙地避开了敌人。就在自以为安全的时候，只听一声枪响，走在前面的年轻战士中了一枪，幸亏是在肩膀上。后面的战友惶恐地跑了过来，他害怕得语无伦次，抱着战友的身体泪流不止。晚上，未受伤的战士一直念叨着母亲，两眼直勾勾地。他们都以为自己的生命即将结束，虽然饥饿，可身边的鹿肉谁也没有动。第二天，部队救了他们。

事隔30年，那位受伤的战士说："我知道谁朝我开了一枪，他就是我的朋友。在他抱住我的时候，我碰到了他发热的枪管。我怎么也不明白，但当晚我就宽恕了他。我知道他想独吞我身上带的鹿肉活下来，但我也知道他活下来是为了他的母亲。此后的30年，我装作根本不知道此事，也从不提及此事。战争太残酷了，他的母亲还是没能等到他回来，我和他一起祭奠了老人家。他跪下来请我原谅，我没让他说下去，我没有理由不宽容他。"

生活太复杂了，每个人所受的牵制都会让他有不同的选择。有的时候对背叛我们的朋友，我们也要舍去自己的怨恨宽恕他。宽恕并不是不辨是非，而是一种崇高的美德。

宽容让你的生活更惬意

宽容，可以使人心胸开朗。宽容能容下人世间的酸甜苦辣，化解所有的恩怨是非。"山重水复疑无路"时，学会宽容，便会"柳暗花明又一村"。海之所以博大深沉，是因为海具有宽容的品格。孕育生命的海昭示我们：宽容一切，才能孕育一切；孕育一切，才能征服一切。

大地之所以广阔无垠、生长万物，是因为大地能够敞开宽容的胸怀，让春夏秋冬自由来去，让季节的画笔自由涂抹。"海阔凭鱼跃，天高任鸟飞。"这便是宽容的力量。

宽容是一种涵盖万物的力量。宽容"以静制动"，"以柔克刚，刚柔相济"。宽容的人以事实证明真理。能宽容者，能治天下。

宽容是智慧。宽容以宏观处世，身处一屋，谋及天下。宽容是高瞻远瞩，集思广益，运筹帷幄，决胜千里。

宽容是进取。宽容者因为进取而不拘小节。斤斤计较不是宽容。水是宽容的。宽容的人能安静如水，亦能激越如水。

学会宽容，人与人之间便会多几分理解，多几分感激。

学会宽容，人世间便会多几分温暖，多几分关爱。

学会宽容，做一个品格高尚的人!

宽容是什么?宽容是一种睿智，一种乐观面对人生的勇气。它能驱散生活中的痛苦和阴霾，它能传播心灵的快乐和微笑。宽容产生幽默，减少人生的沉重感，让人生充满快乐和欢笑。

宽容是治疗人生不如意的良药，是一种豁达，一种理解，一种尊重，一种激励，更是大智慧的象征，强者自信的表现。宽容是一种坦荡，可以无私无畏、无拘无束、无尘无染。

战国时，楚王宴请臣下。灯忽然灭了，一位醉酒的将军拉扯楚王妃子的衣服，妃子扯下了将军的帽缨，并要求楚王追查。楚王为保住将军的面子，下令所有的人一律在黑暗中扯掉自己的帽缨，然后才重新点灯，继续宴会。后来，这位被宽恕了的将军以超常的勇武为楚国征战沙场。

可见，宽容，就是要原谅一个人小的过失，给人以悔改的机会。宽容是一种豁达的风范，对于人生，也许只有拥有一颗宽容的心，才能拥有更快乐的人生。

宽容是一种幸福，我们宽恕别人，不但给了别人机会，取得了别人的信任和尊敬，我们也能够与他人和睦相处。

宽容更是一种财富，拥有宽容，就是拥有一颗善良、真诚的心。这是易于拥有的一笔财富，而且它会随着时间的推移而升值。选择了宽容，其实便赢得了财富。

宽容，是一种高尚的美德。“相逢一笑泯恩仇”是宽容的最高境界。

事实上这一美德做得到的人并不多，即使如此，我们也不应放弃这种追求，因为舍去对别人过失的怨恨，以宽容的心态对人，以宽阔的胸怀回报社会，是一种利人利己、有益社会的良性循环。俄国作家屠格涅夫曾说：“生活过，而不会宽容别人的人，是不配受到别人的宽容的。”所以，当我们宽容了别人，在自己有过失或错误的时候也往往能得到他人的宽容。

我们生活在这个世界上，走出家门，走向社会，总会遇上无数的人，跟他们打交道。你有你的思维方式，我有我的想法，他也有自己的思想，彼此不同，每个人都有自己的优点和缺点，但我们还是要一起工作，一起学习，坦然面对自己和他人的长短，不必去批评责难，也不必相互排斥，更不要轻易地怀疑别人。只有彼此宽容，我们才能和平共处。

法国作家雨果曾经感叹过：“世界上最宽广的是海洋，比海洋更宽广的是天空，而比天空更宽广的是人的胸怀。”是的，这个世界并不大，用心就可以度量。经常笑眯眯的大肚弥勒佛为何整天笑口常开？不正是因为他能宽容地看待人间万千的不平之事吗？宽容是联结人与人之间关系的感情纽带，宽容是盛开在这个美丽的地球上的品德之花。

宽容是一种高雅的修养，一种崇高的境界。宽容别人对我们来说并不容易，关键要看自己的心灵如何进行选择。佛经言：“一念境转。”如果我们选择了仇恨，那么我们以后的余生将在黑暗中度过。因为如果时时刻刻想着如何去报复对方，就会整日心事重重，内心极端压抑，哪里还会有开心可言！反之，如果我们选择了宽容，从此舍掉仇恨的包袱，赠予对方一个甜美的微笑，这样一来，对方将会把阳光洒向大地，而我们也收获了一份心灵的感动。或许我们为此还会多一位人生路途中的知心好友。古人云：“金无足赤，人无完人。”谁都有犯错误的时候，“知错能改，善莫大焉”。既然如此，当一个人无意中犯了错误或是伤害了自己的时候，我们为何不能回报一个宽容的微笑呢？

宽容是一种智慧，一种气度。世上没有不长杂草的花园，人与人之间总会有各种各样的摩擦。有杂草我们要学会整除，有摩擦我们要学会调和。

试想糖是甜的，盐是咸的，它们都是我们生活中味道的正反两极，如果我们在味道上加以巧妙的调和，就能调出人间绝妙的美味。宽容，实际上就是建立在对他人的体谅和理解之上。中国是个文明古国，历来都是以宽容闻名于世，“退一步天高地阔，让三分心平气和”，“大海不拒细流，故能成其大；泰山不辞抔土，故能成其高”。孔子说：“君子坦荡荡，小人长戚戚。”君子的风范就是能有容天下不平的肚量，能有一种宽阔的胸怀。唐太宗宽容了魏徵，成就了“贞观之治”的盛世；蔺相如宽容了廉颇，成就了一段“将相和”的千古佳话；鲍叔牙宽容了管仲，成就了“九合诸侯，一匡天下”的壮举。可见，宽容不仅能使我们生活得更安定和谐，还可以促进国家的繁荣发展。

宽容是人类的一种美德。追求真善美是人类的特性与本能，世界是美和丑并存的整体。如果我们不能用善良、忍耐和宽容来包容这个世界，这个世界将永远充满忧伤和哀叹。当一只脚踩到了紫罗兰的花瓣上，我们的鞋底却留有花的香味，这就是对宽容的最好诠释。要想赢得别人的宽容，自己首先就要能宽容别人，因为宽容是相互的。宽容就如同一缕灿烂的阳光，洒在心灵上，曾经冰冻的心又重新苏醒，曾经滴血的伤痕也得以愈合，曾经的恩恩怨怨都会烟消云散，暗淡无光的心空从此也会变得阳光明媚，碧空万里。

学会宽容，就等于是善待自己，因为宽容让我们从黑暗中走向光明，使我们的心灵从此获得一份宁静与平和，使身心获得自由和解放，还自己一份心灵的纯净。

学会宽容，让我们拥有更多的朋友，让我们的生活更愉快，让我们的人生路途上铺满了鲜花，洒下了一路的欢歌笑语，诗情画意将会永远伴我们走向幸福的彼岸！

学会宽容，就不要再为鸡毛蒜皮的小事斤斤计较。在交往过程中，人和人之间难免会有一些摩擦，正如一首歌中所唱的那样“勺子总会碰锅沿，脚板总要擦地皮”，但是请记住“在这小小的天地里，我们大家生活在一起”，既然如此，还有什么大不了的事总要耿耿于怀呢？

学会宽容，就不要再苛求别人。水至清则无鱼，人至察则无友。“桃园三结义”一向为世人称道，但三人却各有缺点。刘备动不动就掉眼泪，缺乏男子汉气概；关羽骄傲自大，刚愎自用；张飞鲁莽暴躁，常常误事。但这些缺点却并没有妨碍三人义结金兰，创下一番事业。如果我们换一个角度看待别人，他的许多缺点就变成了优点。比如一个人吝啬，换个角度就是节俭；一个人很固执，说明他信念坚定；而好发脾气则是感情丰富的表现。

学会宽容，就学会一种良好的做人方法。生活中宽容的力量巨大。因为批评会让人不服，谩骂会让人厌恶，羞辱会让人恼火，威胁会让人愤怒。唯有宽容让人无法躲避，无法退却，无法阻挡，无法反抗。蔺相如对廉颇傲慢无礼的宽容忍让，最终感化廉颇负荆请罪，使赵国虽小却无人敢犯；周总理以其容纳天地的博大胸怀，在外交上奉行求同存异、和平共处方针，造就了他伟大人格，树立了中华民族的大国风范。同样，邻里间团结和睦需要宽容，夫妻间白头偕老离不开宽容，一个健康文明进步的社会也处处离不开宽容。正所谓：退一步，海阔天空；忍一时，风平浪静。对于别人的过失，必要的指责无可厚非，但能以博大的胸怀去宽容别人，就会让世界变得更精彩，以宽容之心度他人之过，做世上精彩之人。

因此，我们需要学会宽容，“容人须学海，十分满尚纳百川”，懂得宽容待人的好处。智慧艺术告诉我们，宽容就是一门艺术，一门做人的艺术。宽容待人，就是在心理上接纳别人，理解别人的处世方法，尊重别人的处世原则。我们在接受别人的长处之时，也要接受别人的短处、缺点与错误，这样，我们才能真正地和平相处，社会才更和谐。宽容是人类文明的唯一考核标准。“宽以济猛，猛以济宽，政是以和”，“治国之道，在乎猛宽得中”，古人以此作为治国之道，表明宽容在社会中所起的重要作用。

宽容，是自我思想品质的一种进步，也是自身修养、处世素质与处世方式的一种进步。在现实生活中，有许多事情，当我们打算用愤恨去实现或解决时，不妨用宽容去试一下，或许它能帮我们实现目标，解决矛盾，化干戈为玉帛。

面对刻薄，越要懂得宽容

法国文豪巴尔扎克曾经写道："世上所有德性高尚的圣人，都能忍受凡人的刻薄和侮辱。"

有一名自认学富五车的学者搭船过江，船来到河中，为了夸耀自己学识渊博，他便问船夫说："船夫啊，你懂文学吗？"

船夫摇摇头表示不懂，学者不屑地说："不懂文学，那你就等于失去了一半的生命了。"

过了一会儿，学者又嘲讽船夫："那么，你懂哲学吗？"

船夫摇摇头，学者又惋惜地说："不懂哲学，那你就又失去了另一半的生命了。"

船行到河中，学者又问："既然你不懂文学，也不懂哲学，请问历史、生物、美学……你知道的有哪些呢？"

船夫耸了耸肩说："我一样也不知道。"

学者听了摆出相当鄙夷的表情，夸张地说："我真为你的无知感到难过。什么都不懂，那你活着还有什么意思呢？"

说时迟那时快，突然，一个大浪打上来，小船一下就被浪花打翻了，船夫和学者双双落入水中。学者吓得面无血色，不停地挣扎着。

船夫问："你懂游泳吗？"

学者摇摇头，船夫接着说："那你就失去你全部的生命了。"但是船夫最终还是救了学者。

故事中，这位言辞刻薄的学者自认为了解天地间所有高深的学问，却忽略了最浅易的处世方法，没料到自己会因为恣意嘲弄船夫而可能丧失了宝贵的生命。

印度诗人泰戈尔曾说："越是有人责备我，我就越坚强；越是面对刻薄的人，我就越懂得宽容。"

学者与船夫的故事告诉我们：人各有志，各人头顶一片天，因此，为人处世不要太过刻薄。因为你的鱼翅说不定会是别人的毒药，怎能用同样的标准去衡量所有人？人更没有资格仗着自己的学识，去评判别人的生存价值。

忍让和宽恕必须把握住一定的限度

与人相处的时候，忍让和宽恕是一种美德，但是，必须把握住一定的限度，在无关紧要的小事上不必斤斤计较，但在原则问题上决不能退让。一个人如果不敢坚持原则，以牺牲根本的东西来换取一时的苟安，他也就失去了做人的尊严和价值，在人们的眼中，这样的人只能是窝囊无能的懦夫，只能是个"受气桶"。

哲学上常常把度作为质和量的统一。也就是说，在度之中包含了具有一定量和质的结合；在度之中，事物的性质变化于一定的范围之内，不会出现根本性的变化。而一旦超出了这个度，事物的性质便会出现新的特点，正如水在100℃之内仍然是水，可一旦烧开便变成了气体一样。在采取忍耐的策略的时候，也有一个度。怎样把握这种度呢？

一、下不为例，事不过三

所谓"事不过三"，说的是人们对同一对象的宽容和忍让可以一次、两次，但决不可一退再让。忍让到一定份上，必须有所表示，使对方真正认识到你的退让不是一种害怕和无能，而只是出于一种大度，从而不再继续下去。

在日常生活中，经常有这样一些不识好歹的人，他们为所欲为，得寸进尺，把别人的忍让当成是好欺负，可以占便宜，因此一而再、再而三地步步紧逼。对待这种人，在经过几次忍让之后，看清了其真面目，则不应再忍让下去，可以适当地给对方一点颜色看看，并通过正当的方式勇敢地捍卫自己的权利。当然，这种晓之以厉害的方式和途径可以是多种多样的，但目的都是一个，就是让对方了解你真正的态度，及时改变或收敛自己不适当的言行。

二、对方得寸进尺时，不可再忍

当对方对你的侵犯变本加厉时，作为当事人，你便不能再保持一种忍的态度，而必须随着事物性质的变化而考虑予以反击和抵抗。

在日常生活中，这种情况是经常发生的。之所以会这样，就在于那些不识好歹的人常常会由于得到某些不公正的利益之后，使自己的行为在一种恶性膨胀了的邪念的驱动下，由一般的越轨而发展为犯罪。如果是这样，我们便不可再一味地忍让下去了。

三、自己濒临“绝境”时，不能再忍

忍无可忍的情况通常出现在一些公共场合之中。有些人以为别人不认识自己，而且以后彼此间很难还会有相遇的时候，因而处于一种匿名者的状态中。这样一种状态往往使人在一定程度上摆脱了过去所承担的某些义务和责任，也会不同程度地放松良心对自己的约束，因而做出一些不道德的、过分的行为举止。例如，在火车上、在公园里、在公共汽车里，等等。非常有意思的是，在这种公共场合中，有些人也常常抱着一种大事化小、小事化了，尽量少惹麻烦的心理，对于一些过分的、带有攻击性的行为持忍的态度。这样一方是咄咄逼人，另一方却又是息事宁人，很容易造成一种有利于某些人不断膨胀其侵犯心理的环境和条件。但是，也恰恰是在这种情况下，对方若肆无忌惮地一意孤行，也很容易地把人们逼到一种“绝

境”，以至于产生一种忍无可忍的心理。

成熟的人懂得：要保持自己的骨气，把自己的刀剑插入刀鞘，但需要自卫时要毫不犹豫地拔出来。既然你已经躲不过去了，还不如趁早解决的好。

四、人应该适当地有一点锋芒

人的行为很容易受习惯的支配，只要屈服过一次，就会一而再、再而三地屈服下去。而不失时机地在人前稍显勇气，是不可忽略的处世之智。不要成为受气包，一旦生气就应果断地用行动表达出来。

俗话说：“吃柿子捡软的捏。”人们发火撒气也往往找那些软弱善良者。因为大家都清楚，这样做并不会招致什么值得忧虑的后果。在我们身边的环境里，到处都有这样的受气者，他们看起来软弱可欺，最终也必然为人所欺。一个人表面上的软弱，事实上助长和纵容了别人侵犯你的欲望。

其实，为了保障自己必要的权利，人是应该有一点锋芒的。虽然不必像刺猬那样全副武装，浑身带刺，至少也要让那些凶猛的动物感到无从下口，有所忌惮。

第十章　面对生气与争气的抉择

与其生气，不如争气

人生多变幻，这是不幸，也是幸运，因为它给了我们努力的希望和勇气。其实我们每个人都希望被人重视、受人尊重、受人欢迎，但有时又难免被人嘲弄、受人侮辱、被人排挤。生活给了我们快乐的同时，也给了我们伤痛的体验。为什么我们不能坦然地面对一切？为什么要为眼前的不幸而悲观丧气、怨天尤人？不必将所有的责任推到别人的身上，如果我们自己足够优秀——至少比现在优秀，别人还会对我们冷眼嘲讽吗？让自己快乐起来的最好办法就是自己争气，去做更好的自己。

人生有顺境也有逆境，不可能处处是逆境；人生有巅峰也有谷底，不可能处处是谷底。因为顺境或巅峰而趾高气扬，因为逆境或低谷而垂头丧气，都是浅薄的人生。真正的人生需要磨炼。面对挫折，如果只是一味地抱怨、生气，那么我们注定永远是个弱者。只有学会坚强，积极向前，以平和的心态，让自己做得更好，才能使自己的人生过得快乐而充实。正如人们常说的：生气不如争气。试想，如果爱因斯坦因其小学老师说他“是个智商有问题的人”而生气，他永远不会成为伟大的发明家，也许我们现在晚上还是生活在黑暗之中。

古代在西藏，有一个叫爱地巴的人，每次生气和人起争执的时候，他就以很快的速度跑回家去，绕着自己的房子和土地跑三圈，然后坐在田边喘气。

爱地巴工作非常勤劳努力，他的房子越来越大，土地越来越广。但不管房地有多大，只要与人争论生气时，他还是会绕着房子和土地跑三圈。

有一次，爱地巴拄着拐杖走到太阳已经下山了还要坚持，他的孙子担心他，就在后面跟着。后来，孙子在身边恳求他："阿公！你这么大年纪了，这附近也没有谁的土地比你的土地更大，你不能再像从前，一生气就绕着土地跑了。还有，你可不可以告诉我你一生气就要绕着土地跑三圈的秘密？"

爱地巴说出了隐藏在心里多年的秘密。他说："年轻的时候，我一和人吵架、争论、生气，就绕着房地跑三圈，边跑边想着自己的房子这么小，土地这么小，哪有时间去和人生气呢？跑完了气就消了，之后就把所有的时间都用来努力工作。"

孙子问道："阿公，你年老了，已成为最富有的人，为什么还要绕着房子和土地跑呢？"

爱地巴说："我现在还是会生气，生气时就绕着房子和土地跑三圈，边跑边想着自己的房子这么大，土地这么多，又何必和人计较呢？气也就消了。"

的确，当我们遇到不开心的事时，生气不但解决不了任何问题，反而会伤神，有损身体健康，甚至会使人失去理性。因此，当我们周围的同事获得升职或加薪，而你还在"原地踏步"时，我们首先要做的不是忙着生气，而是要反省自己，找找自身的原因：专业知识不够或工作技能缺乏。然后，我们可以把生气时投入的时间、精力都用于学习、工作上。如此一来，就能把自己从"生气"中解脱出来。当我们凡事都去努力争取、付出、奋斗时，终能有所成就，从而也就为自己争了一口气。

生气解决不了问题

有一天某法师正要开门出去，不料，迎面撞进一位彪形大汉。说时迟，那时快，只听得“砰”的一声，刚巧撞在法师的眼镜上，眼镜戳青了他的眼皮，然后跌到地上，镜片摔得粉碎。

此时那撞人的大汉，毫无愧疚之色，反而理直气壮道：“谁叫你戴眼镜?”

法师此时心想：世间许多事由因缘合和而生，有善缘，亦有恶缘。解决恶缘之道，唯以慈悲待之。因此他便以欢喜豁达的心胸来接受这一事实。

大汉见法师以微笑慈容回报他的无理，颇觉讶异地问：“喂!和尚，为什么不生气?”

法师借机开导说：“为什么一定要生气呢?生气既不能使破碎的眼镜重新复原，又不能使脸上的淤青立刻消失，苦痛解除。再说，生气只会扩大事情，如果我生气，对你破口大骂，或是打斗动粗，必定造下更多的业障及恶缘，甚至伤害了身体，仍不能把事情化解。以世间因缘果报来看这件事情，我早一分钟或迟一分钟开门，都可以避免相撞，而我们却撞在一起，或许这么一撞化解了我们过去的一段恶缘。因此，我不但不生气，反而还要感谢你助我消除业障哩!”

大汉听后十分感动，他问了许多佛法及法师的称号，然后若有所悟地离去。

这件事过了很久，有一天法师接到一封挂号信，信中附有五千元。原来是那大汉寄来的，信中写道：

“师父慈鉴：

“非常感谢你，那天撞了你，却救下3条活命。你对此说法一定觉得很不理解，我现在就来告诉你。事情是这样的：

“我年轻时本来不知用功进取，毕业之后，在事业上高不成低不就，十分苦恼，常常自怨自艾。结婚之后，也不知善待妻子，常常拿妻子出气。有一天，我外出上班，忘了拿公事包，中途又返家提取，没想到却看见妻子与一名陌生男子在家中谈笑，我非常生气，冲动地跑进厨房，拿了一把菜刀，想杀了他俩，然后自杀，以求了断。

“不料，那男子惊慌回头，脸上的眼镜摔落地下。一时，我忆起慈悲的师父，师父的一句‘生气不能解决问题’，使我冷静下来。我想：妻子越轨，我必须负完全责任。因为，过去我实在不该冷落她。经过这件事，我悟到许多为人处世的道理，再也不会暴躁及莽撞了。目前，我们一家和睦相处，生活和和美美，工作上也更能得心应手了。

“师父的教诲，改变了我的人生观，一生受用不尽，为了感谢师父的恩德，我汇上五千元，两千元赔偿师父的眼镜，三千元为我、为妻子及那个男人做功德。我惭愧以往不知修福，反而造下不少恶业，还请求师父为我们祈福化解，消除业障……”

人与人之间相处，难免不磕磕碰碰，切记“生气不能解决问题”这句话。法师以欢喜心接受横逆，不但化解一段恶缘，并且点醒了莽撞汉，使他遇事能自我反省，冷静地处理了忽然遭遇的场面，避免了一场血案，迎来了美好的生活。

生气只是惩罚自己，使自己伤心难过而身心俱损，却于气我们之人一点损伤也没有，问题也得不到任何解决。所以，为什么还要生气呢？

友善比愤怒更有力

在与人相处中，假如你在愤怒之下，对别人发作一阵，你的气也许会随之消失，但是别人呢？你那挑战的口气、敌意的态度，会使别人轻易赞同你的意见吗？

美国总统威尔逊说过：“假如你握紧两只拳头来找我，我想我可以告诉你，我会把拳头握得更紧；但假如你来找我，说道：‘让我们坐下商谈一番，假如我们之间的意见有不同之处，看看原因何在，主要的症结在什么地方。’我们会觉得彼此的意见相差不是十分远。我们的意见不同之点少，相同之点多，并且只需彼此有耐性、诚意和愿望去接近，我们相处并不是十分难的。”

某工程师嫌房租太高了，想向房东要求减低一点，但是他晓得房东是一个极固执的人，于是他决定想个办法让房东心甘情愿地对他提出降低租金。而他也终于办到了。来看看他是怎样让那顽固的房东毫无怨言地作出让步的。

他说：“我写给房东一封信说，等房子合同期满我就不继续住了，但实际上我并不想搬家。假如房租能减低一点我就继续租下去。但这恐怕很难，别的住户也曾经多次交涉过都没成功。许多人对我说房东是一位很难对付的人。可是我自己心中说：‘我正在学习如何待人这一课，所以我将要在他身上试一下，看看有无效果。’

“结果，房东接到我的信后，便带着他的租赁契约来找我，我在家亲切招待他。一开始并不说房租太贵，我先说如何喜欢他的房子，请相信我，我确是‘真诚地赞美’。我表示佩服他管理这些房产的本领，并且说我真想再续住一年，但是我负担不起房租。

“他像从来不曾听见过房客对他这样说话。他简直不知道该怎样处置。随后他对我讲了他的难处，以前有一位房客给他写过40封信，有些话简直等于侮辱，又有一位房客恐吓他说，假如他不能让楼上住的一个房客在夜间停止打鼾，就要把房租契约撕碎。他对我说：'有一位像你这样的房客，心里是多么舒服。'继之，不等我开口，他就替我减去一点房租。我希望他能再多减点，我说出我能负担的房租数目来，他二话不说就答应了。

"临走的时候，他还转身问我房子有没有需要装修的地方。假如我也用别的房客的方法要求他减房租，我敢说肯定也会像别人一样遭到失败。我之所以胜利，全赖这种友好、同情、赞赏的方法。"

生活就像一面镜子，你对它笑，它就对你笑；你对它哭，它也就只能对你哭。

与人说话，带着愤怒只会招来更大的愤怒，用真诚的微笑和最具说服力的言辞去打动别人，去和别人交谈，灵活面对生活，灵活地做人，你就能赢得一片天地。

让气自行消散

古时有一个妇人，特别喜欢为一些琐碎的小事生气。她也知道自己这样不好，便去求一位高僧为自己谈禅说道，开阔心胸。

高僧听了她的讲述，一言不发地把她领到一座禅房中，落锁而去。

妇人气得跳脚大骂。骂了许久，高僧也不理会。妇人又开始哀求，高僧仍置若罔闻。妇人终于沉默了。高僧来到门外，问她："你还生气吗？"

妇人说："我只为我自己生气，我怎么会到这地方来受这份罪。"

"连自己都不原谅的人怎么能心如止水？"高僧拂袖而去。过了一会儿，高僧又问她："还生气吗？"

"不生气了。"妇人说。

"为什么？"

"气也没有办法呀。"

"你的气并未消逝，还压在心里，爆发后将会更加剧烈。"高僧又离开了。

高僧第三次来到门前，妇人告诉他："我不生气了，因为不值得气。"

"还知道值不值得，可见心中还有衡量，还是有气根。"高僧笑道。

当高僧的身影迎着夕阳立在门外时，妇人问高僧："大师，什么是气？"

高僧将手中的茶水倾洒于地。妇人视之良久，顿悟，叩谢而去。

何苦要气？气便是别人吐出而你却接到口里的那种东西，你吞下便会反胃，你不看它时，它便会消散了。

停止抱怨才有希望

常常有这样一些人，他们总是对自己所处的环境不满意，由此产生了一系列苦恼。比如，一个学生没有考上理想的学校，心里觉得十分自卑，天天想着自己比不上别人，于是烦得要命，书也念不下去。这样一天天心不在焉地混，成绩越来越坏，几乎要留级了，心里又加上一份紧张，这紧张加上以前的烦恼，使他更加懊恼不安。

同样地，也有人对自己目前的工作不满意，认为职位低，赚钱少，比不上别人。心里又是自卑，又是消沉，天天懒洋洋的，做什么也打不起精神来。于是工作常常出错，上司也不喜欢他，同事也觉得他没出息。这样，他就越来越孤独，越来越被单位排挤，越来越远离快乐和成功。

其实，一个人若对自己目前的环境不满意，唯一的办法就是让自己战胜这个环境。比如行路，当你不得不走过一段险阻狭窄的路段时，唯一的办法就是打起精神，克服苦难，战胜险阻，把这段路走过去，而决不是停在途中抱怨，或索性坐在那里打盹，听天由命。

所以，置身不如意环境的人们，不但不应消沉停顿，反而要拿出更加积极乐观的态度来面对眼前的环境，使时光不至白白浪费。

在不理想学校读书的学生，你与其厌烦这所学校，懒得用功，怕见以前的同学，不如喜欢这所学校，努力进取，把自己以前所荒废了的学业充实起来，你在这个学校一样可以有好成绩。然后，再找机会考进好的学校。

那些对眼前工作不满意的人也是一样，每一位领导都喜欢提拔那些肯埋头苦干、认真工作的人。假如你工作认真，升迁的机会就可能轮到你。

奉劝置身不如意环境中的朋友，停止抱怨，面对现实，把握机会充实自己。一个肯努力上进的人，在任何环境里都用不着自卑。换句话说，一个不肯积极进取、浪费光阴的人，本身就是一种无能。

改变不了环境，就改变自己

人生中，我们难免会遇到一些挫折和困难，并为此而感到懊恼和痛苦。其实转机很快就会到来，当事情得以解决的时候，我们就会发现，其实自己当初那样的烦恼和着急都是大可不必的。因此，学会以乐观的态度来面对生活，即使身临困境，也要看到希望，不被悲观的情绪所困扰。

生活中充满了各种烦心琐事，如果事事都较真，都不能宽容地对待，那么，无论如何都无法让自己快乐起来。面对生活，我们可以选择自己的心情，改变自己的心情，让生活多一些笑声，少一些苦恼。

有一个快乐的年轻人，在他单身的时候，他和好多朋友同住在一间很小的屋子里，大家都觉得很挤、很不舒服，而他却总是一天到晚笑呵呵的，没有半点烦恼的意思。于是有人就问他："这么多人挤在一块，睡觉时翻身都难，你怎么还这么高兴啊？"

年轻人说："朋友住在一起，随时可以交流思想和感情，这还不值得高兴吗？"

不久，年轻人的朋友们都渐渐有了妻室，一个个搬离了小屋，只剩他一个人待在那里，但是他还是一样欢喜。于是那人又问："现在剩你一个人了，孤孤单单，形影相吊，你为何还是这么高兴呢？"

年轻人说："你看看，我这里有这么多书，一本书就相当于一位老师，这么多老师陪着我，我能不高兴吗？"

几年之后，年轻人也有了自己的家室，住进了一座高楼的底层，底层的环境很差，又脏又乱，但是他还是过得那样开心。有人好奇地问他："底层这么脏这么乱，别人都快愁死了，你却整天快乐非常，真是奇怪啊！"

年轻人说："底层很好啊！住一楼有很多好处的，比如不用很辛苦地爬楼，而且搬东西很方便，朋友来的话也能顺利地找到，而且后院有块空地，种些花花草草很惬意。"

一年后，年轻人把自己的房子让给了一位腿脚不方便的老人，而自己主动搬到了八楼去住。虽然环境变了，但是他依然能够快乐地过着每一天。上次问他的人遇见年轻人以后，用取笑的口吻说："现在搬到八楼了，是不是也有很多好处啊？"

年轻人笑笑说："是啊，真的好多好处呢！比如每天上下楼，可以锻炼身体，光线很不错，看书写字不伤眼睛，天花板不会乱响，白天黑夜都很安静。"

年轻人总是这么快乐，其实他所处的环境并不是很好，有时甚至很糟糕，但是他为什么能够总是这样乐观呢？后来年轻人告诉大家："一个人心情的好坏，其实并不取决于外界环境，而是内在的思维方式。"

的确，很多时候，我们无法控制外界环境的变化，但是却可以改变自己的想法，使自己在很糟糕的情况下，保持一份愉悦的心情，而不是使自己被糟糕的现状所左右，变得心情沉闷，失去原有的热情和希望。

我们不能决定生命的长度，但可以控制它的宽度；我们不能左右天气，但可以改变心情；我们不能改变容貌，但可以展现笑容；我们不能控制他人，但可以掌握自己。

别为一时的损失而哭泣

人生在世，在生命的流转中，我们会不断地拥有很多东西，也会失去很多东西，其中不乏自己认为珍贵的、心爱的、不舍的，或者因为某些意外因素而使自己蒙受损失。不论是谁经历这样的事情时，都会为之感到可惜。但是我们不能驻留在这里而停止前进，不能盯着小小的损失不放，而使自己失去更多。

泰戈尔在一首诗里曾经说过："如果你为失去月亮而哭泣，那么你也将失去群星。"得与失是每个人都要面对的事情，既然已经失去，我们应该做的是珍惜现时的拥有，而不是为逝去的东西过分悲痛。有人说："当上帝从你身边夺走一样东西的时候，还会以另外一种形式来补偿你。"因此，面对失去的东西，我们应该豁达一些、淡然一些，也许不久就会得到意想不到的收获。

吉姆是一个陶瓷艺人，他听说城里人十分喜欢陶瓷，就决定做最好的陶瓷到城里去卖，然后赚一些钱回来，改善自己的生活。经过反复的试验，他成功地烧制出一种质地很好的陶罐，可以到城里去卖了。

吉姆雇了一艘轮船，装上自己亲手烧制的陶罐，到远离家乡的大城市去卖。随着离目的地越来越近，吉姆也越来激动，心想着自己就要发大财了，然后带着卖陶罐得来的钱回到家乡，过上富足的日子。正当他沉浸于美梦之中时，轮船遭到了一场突如其来的暴风雨的袭击，船摇晃得很厉害，而船上的陶罐也因此全都打碎了，没有一个完整的。这场暴风雨不仅打碎了吉姆的陶罐，也打碎了他的美梦。惨重的打击使吉姆欲哭无泪，他手捧着满船的碎片，心里难过至极。

好一阵子，吉姆才回过神来，既然陶罐都已经碎了，再哭也于事无补，还是先找个地方住上一晚吧。然后，再到城里看看能否找到什么补救的办法。第二天，吉姆一早醒来就到街上去转悠，却意外地发现，城里人装饰墙面的东西与他的破陶罐的材料是一样的，于是他将陶罐碎片稍做加工，就整理成了马赛克，销路非常好，很快就被哄抢一空，而且比卖陶罐的价钱还要好。吉姆于不幸之中遇到了幸运，他扭亏为盈，带着一大笔钱高高兴兴地回家去了。

失去固然可惜，但是“塞翁失马，焉知非福？”很多事情，其实并没有想象得那么糟糕，因此，即使遭受什么损失，也不能因此而失去理智，而应该冷静地面对现实，寻找补救的办法。或者坦然地接受事实，学会自我安慰，保持内心的平衡，而不是因此万念俱灰、自暴自弃，这样只会使自己损失更多。

老子曾说：“祸兮，福之所倚；福兮，祸之所伏。”祸与福是相辅相成的，即使一时遭受损失，说不定还会因祸得福。因此，我们凡事都要往好处想，不为小小的得失而斤斤计较，能坦然接受失去的人，才能够得到更多。

从前有个国王，他有七个女儿，这七位美丽的公主是国王的骄傲。她们那一头乌黑亮丽的长发远近皆知，所以国王送给她们每人两个漂亮的金发夹。

有一天早上，大公主醒来，一如既往地用发夹整理她的秀发，却发现少了一个发夹，于是她偷偷地到了二公主的房里，拿走了一个发夹；二公主发现少了一个发夹，便到三公主房里拿走一个发夹；三公主发现少了一个发夹，就偷偷地拿走四公主的一个发夹；四公主如法炮制拿走了五公主的发夹；五公主一样拿走了六公主的发夹；六公主只好拿走七公主的发夹。于是，七公主的发夹只剩下一个。七公主得知以后，也并没有在意。

第二天，邻国英俊的王子忽然来到皇宫，他对国王说："昨天我养的百灵鸟叼回了一个发夹，我想这一定是属于公主们的，而这也真是一种奇妙的缘分，不晓得是哪位公主掉了发夹？"公主们听到了这件事，都在心里说："是我掉的，是我掉的。"可是头上明明完整地别着两个发夹，所以都懊恼得很，却说不出。只有七公主走出来说："我掉了一个发夹。"话才说完，一头漂亮的长发因为少了一个发夹，全部披散了下来，王子不由得看呆了。

最后，王子请求七公主嫁给自己，而国王也同意了他们的婚事，七公主和王子从此一起过着幸福快乐的日子。

缺憾并一定就是坏事，当我们为已经造成的损失而拼命地进行弥补的时候，很可能会因此而错过更珍贵的收获。完美的人生是不存在的，不管是谁，其生命中都难免会有缺憾，而有时候却正是因为缺憾，未来才充满了无限的转机，这何尝不是对生命的一种补偿！

学会为自己鼓掌

人生就像一个巨大的舞台，每个人都想在这个舞台上展现自己的魅力，演绎自己辉煌的成就，获得别人的认可和掌声。然而并不是每个人都能在流光溢彩的舞台上接受别人的鲜花和掌声的。辉煌的背后更多的是平凡，在你没有成为主角的时候，等待你的可能是冷落的现场和凄凉的呢喃。也许此时，你就开始感叹自己的渺小和平凡，羡慕别人的成功和荣耀了。但是，不要忘记，就算是没有别人的追捧，也不要灰心失望，因为你还拥有最后一个观众，那就是你自己，你还可以为自己鼓掌。

有一个小男孩，因为从小患有小儿麻痹症，不能像其他小朋友一样自由地活动。但是他却偏偏爱上了舞台表演，在参加过一次班级的合唱比赛以后，他就对舞台产生了无限的热爱之情，他觉得只要站在舞台上，自己的心灵都可以飞翔起来。

但是，因为他自身条件的限制，虽然他有这样的热情和渴望，却总是被老师和同学泼冷水，嘲笑他不自量力。这让男孩的内心十分难过，但是他却没有放弃自己的梦想，只要一有机会，就会努力争取上台表演，但是他得到的掌声却是最少的。男孩也曾为此而懊恼哭泣，然而他知道就算自己再怎么难过也是无济于事的，于是他坚强地告诉自己，不管别人怎么对待自己，自己要学会鼓励自己。因此，每次表演结束后，男孩不管别人会不会为自己鼓掌，他都会真诚地为自己鼓掌加油。

20 年过去了，小男孩成为一名出色的表演艺术家，每次他表演时都场场爆满，每次台下都会有热烈的掌声，但是他依然真诚地为自己鼓掌。

很多时候人们都需要具备这种在没有人欢呼和颂扬的环境里不断为自己加油和鼓劲的自信和勇气。做人要对自己充满信心，不要轻易否定自身的价值，鲜花和掌声固然重要，但是没有这些，也不能代表自己就没有成绩和价值。

为自己鼓掌，是自我认可的表现；为自己鼓掌，是充满希望的证明。现实生活是残酷的，可能你拥有梦想，但是却经常碰壁；可能你很有才能，却得不到发挥。这样的挫折和打击，很容易让人失去自信。但是，这一切都是暂时的，只要你勇敢地坚持下去，给自己一些支持和鼓励，是能够最终走向成功的。

小美参加过四次书画比赛了，但是每次都是以失败告终的，这给小美造成了很大的心理阴影，她开始变得不自信了。当老师再一次找到她，邀请她参加下个月将要举行的一次书画比赛时，小美却选择了逃避，她拒绝了老师，然而她的内心还是渴望参加的。

虽然她没有报名参加比赛，却自己在家里悄悄地画了一幅参赛作品，可能在她的潜意识里还是想证明自己的。为了构思一个好的主题，小美翻阅了很多的资料，经过半个月的准备和绘制，一幅十分漂亮而富有含义的图画终于完成了。这似乎了了小美的一桩心事。

时间很快过去了，突然有一天，老师找到小美并告诉她，她的图画获得了优秀奖，而且三天后还要去领奖。原来妈妈早已替小美报名参加了比赛，并把她的画作作为参赛作品送到了评委会。小美激动得泪流满面，她为自己的努力而感到欣慰。一直以来，她都渴望得到掌声，如今她才深深地体会到，掌声应该是先由自己给予的。

瓷器只有经过烈火的灼烧才会拥有亮丽的色彩，生命只有通过现实的考验才能变得精彩。因此，当你还是一块没有釉色、没有花纹的泥巴的时候，不要自怨自艾，而要学会给自己最大的鼓励。只有当你的心中充满希望的时候，你才有改变命运的勇气和能力，你才会成为主角，走上灯火闪烁的舞台，接受娇艳的鲜花和雷动的掌声。

羡慕别人不如珍惜自己

每个人都拥有着很多宝贵的东西，但很多时候，人们却看不到这一点，反而盲目地去羡慕别人，觉得别人拥有的东西才是最好的，结果苦苦追寻来之后却发现自己的想法完全是错误的。

命运在赐给我们欢乐和幸福的同时，也给了我们缺憾与苦难，每个人的生活中都有自己的苦与乐。俗话说："皇帝有皇帝的烦恼，乞丐有乞丐的快乐。"因此，我们没有必要去羡慕别人的笑容，而应该学会珍惜自己所拥有的幸福。

乌鸦和喜鹊各占一个山头作为领地，乌鸦的山头长满各种各样的奇花异草，远远望去，是一座十分美丽的大花园。喜鹊的山头长着各种树木，绿树成荫，十分壮观。乌鸦时常望着对面的山想：还是喜鹊的山头好，自己的山头全是乱七八糟的草，没有一棵成材的东西。喜鹊望着对面的山头想：还是乌鸦的山头好，我这山头全是硬邦邦的大树，一点也不温馨。

乌鸦提出要同喜鹊换领地，这个想法正中喜鹊下怀，它们一拍即合，便交换了领地。

乌鸦飞到喜鹊的领地，一开始感到很新鲜，但不久便发现了新领地的不足，此地没花没草，太单调了。乌鸦很快就后悔了。喜鹊飞到乌鸦的领地后，一开始感到很满意，但不久发现没有高大的树木栖身，难受极了，它也后悔得不得了。

不要盲目地羡慕别人的生活，而忘记了自己的可贵，每个人都有自己的生活方式，适合自己的才是最好的，切忌去做削足适履的事情。“世上没有两片完全相同的树叶。”不管人与人之间如何地相似与相近，本质上还是存在着很大的差异，因此，别人眼里的幸福不一定就是你的幸福，适合别人的东西不一定适合你。而只有自己真正拥有的，才是最珍贵的，最值得珍惜的。

一味地羡慕别人，反而会使我们的心胸变得狭窄，给自己平添许多的无奈与烦恼，这是不值得的。我们总是习惯于羡慕别人，但很少人会想到羡慕自己。也许，只有懂得羡慕自己的人，才是真正值得羡慕的人。

萨依特曾是一位政府高官，34 岁就做了副市长，可谓是前程一片光明。然而，就在他飞黄腾达的时候，他主管的城市发生了一场火灾，他也因此而被免职。那年他 37 岁。离官退位后，认识萨依特的一些显赫的人士、富翁、高官、大财团的董事长等都为他惋惜，认为他会非常痛苦。但是萨依特却保持着一种非常平和的心态，他回到乡村，过起了平民百姓的生活。

他在自家的小菜园上种菜、施肥、捉虫，过得平淡而有滋味。没事的时候，他就走村串巷，收集一些民间陶器。生活中，他从不理会别人的富贵，更不去羡慕别人的日子，我行我素地过着自己的简朴生活。

由于他的知识和才能，他很快就在收藏上有了很大造诣。七八年过去，他竟然收集到了几十件世界顶级的民间珍宝。前来买卖的人蜂拥而至，萨依特每卖出一件，都在上千万美元。

有人问萨依特："你怎么会在收藏上有这么大的成就？"萨依特说："因为我过得十分简单，从不盲目地去羡慕别人，清静的生活让我可以一心一意地鉴别陶器。"不去羡慕别人的生活，不但使萨依特摆脱了烦恼，也把收藏做到了罕见的顶端，成为世界级收藏大师。

生活中常常打扰我们、让我们感到不安的，往往正是我们自己。羡慕别人的代价，常常就是失去自己。因此，羡慕别人不如珍惜自己，别人的花园固然美丽，而你也拥有自己的乐土。善于珍惜自己拥有的，才不会在羡慕别人的沼泽中丧失自己、轻视自己。

自我反省，才能作出最佳的选择

与其生气，不如自我反省，然后作出最佳的选择。

有一个青年总是好运连连，有一天他在街角的小店打电话。他说："是王公馆吗？我是打电话来应征做园丁工作的，我有很丰富的经验，相信一定可以胜任。"电话的接线生说："先生，恐怕你弄错了。我家主人对现在聘用的园丁非常满意，主人说园丁是一位尽责、热心和勤奋的人，所以我们这儿并没有园丁的空缺。"

青年听罢有礼貌地说："对不起，可能是我弄错了。"接着便挂了电话。小店的老板听了青年人的话，便说："青年人，你想做园丁工作吗？我的亲戚正要请人，你有兴趣吗？"

青年人说："多谢你的好意，其实我就是王公馆的园丁。我刚才打的电话，是用以自我检查，确定自己的表现是否合乎主人的标准而已。”

在生活中，不断作自我反省，才可以令自己立于不败之地。

一般来说，自省心强的人都非常了解自己的优劣，因为他时时都在仔细检视自己。这种检视也叫作“自我观照”，其实质也就是跳出自己的身体之外，从外面重新观看自己的所作所为是否为最佳的选择。这样做就可以真切地了解自己了，但审视自己时必须是坦率无私的。

能够时时审视自己的人，一般都很少犯错，因为他们会时时考虑：我到底有多少力量？我能干多少事？我该干什么？我的缺点在哪里？为什么失败了或成功了？这样做就能轻而易举地找出自己的优点和缺点，为以后的选择提供依据。

培养自省意识，首先要抛弃那种“只知责人，不知责己”的劣根性。当面对问题时，那些总是犯错的人总是说：

“这不是我的错。”

“我不是故意的。”

“没有人不让我这样做。”

“这不是我干的。”

“本来不会这样的，都怪……”

这些话是什么意思呢？

“这不是我的错”是一种全盘否认。否认是人们在逃避责任时常用的手段。当人们乞求宽恕时，这种精心编造的借口经常会脱口而出。

“我不是故意的”则是一种请求宽恕的说法。通过表白自己并无恶意而推卸掉部分责任。

“没有人不让我这样做”表明此人想借装傻蒙混过关。

“这不是我干的”是最直接的否认。

“本来不会这样的，都怪……”是凭借扩大责任范围推卸自身责任。

找借口逃避责任的人往往都能侥幸逃脱。他们因此而自鸣得意，却从来不反省自己在错误的形成中起到了什么作用。

为了免受谴责，有些人甚至会选择欺骗手段，尤其是当他们是明知故犯的时候。这就是所谓“罪与罚两面性理论”的中心内容，而这个论断又揭示了这一理论的另一方面。当你明知故犯一个错误时，除了编造一个敷衍他人的借口之外，有时你会给自己找出另外一个理由。

其次，培养自省意识，就得养成自我反省的习惯。人们每天早晨起床后，一直到晚上上床睡觉前，不知道要照多少次镜子。这个照镜子，就是一种自我检查，只不过是一种对外表的自我检查。相比之下，对自身内在的思想做自我检查，要比对外表的自我检查重要得多。可是，你问问自己：你每天能做多少次这样的自我检查呢？不妨设想一下，如果某一天你没有照镜子，那会是一种什么结果呢？也许，脸上的污点没有洗掉；也许，衣服的领子出了问题……总之，很多问题都没有发现，就出了门。如果你不对内在的思想做自我检查，那么，就可能是出言不逊也不知道，举止不雅也不知道，心术不正也不知道……那是多么的可怕！你不妨养成这样一个习惯——每当晚上躺到床上的时候，都要想一想自己今天的所作所为，有什么不妥当的地方；每当出了问题的时候，首先从自己这个角度做一下检查，看看有什么不对；而且，还要经常对自己做深层次、远距离的自我反省。

最后，培养自省意识，就得有自知之明。正确地认识自己，实在是一件不容易的事情。不然，古人怎么会有“人贵有自知之明”、“好说己长便是短，自知己短便是长”之类的古训呢？自知之明，不仅是一种高尚的品德，而且是一种高深的智慧。因此，即便你能做到严于律己，即便能养成自省的习惯，并不等于说你能把自己看得清楚。就以对自己的评价来说吧，如果把自己估计得过高了，就会自大，看不到自己的短处；把自己估计得过低了，就会自卑，对自己缺乏信心。只有估准了，才算是有自知之明。很多人经常是处于一种既自大又自卑的矛盾状态。一方面，自我感觉良好，看不到自己的缺点；另一方面，却又在应该展现自己的时候畏缩不前。对自己的评价都如此之难，如果要反省自己的某一个观念、某一种理论，那就更难了。

第十一章　抉择时，请倾听内心的声音

倾听内心，思考自己想要什么

生活中，很多人都会积极主动地去争取自己想要的东西。但通常我们不知道自己真正需要什么，于是就放任自己，走上错误的道路。

一旦我们敞开心扉，并觉察到了可供利用的机会，下一步就是决定我们要什么。幸运者不会守株待兔，他们懂得自己最需要什么，并确认哪些人能帮助他们得到自己最需要的东西。

对于缺乏雄心、得过且过、随波逐流的生活态度，没什么好说的！毫无疑问，我们要享受生活的每一刻，而不是做白日梦。假使不知道自己要什么，只是随波逐流，肯定每况愈下，结果成为碌碌无为的芸芸众生之一。看似四通八达的道路，实际上可能哪里都到不了。如果我们不知道自己最想要什么，很容易被人牵着鼻子走，因此并不是长久之道。

幸运的人很少盲从别人，他们都会有自己的想法。他们知道自己要什么，至于朋友、家人、同事和伴侣是否也有同样的需求，那并不是重点。

太多人依照父母、伴侣、朋友、同事、老板、舆论或其他人的看法来选择自己的目标。我们当然需要明了别人的期望，但关键是：我们觉得什么最重要，并能确定有意义的目标。

俗话说："当你彷徨着不知方向为何，其实你已经找到了。"我们都知道，漫无目标、虚度一生的人不可能实现他们的梦想。不幸的是，没有目标的人比没有舵的船好不了多少，人生的旅程就像没有导航的飞弹。

拥有好运气的人对自己想要的东西都很执着，正是这样的执着给予他们实现平时选择或决定的动力和决心。

当我们知道自己想要什么，就有了目标。有了目标，自然就有追求成功的动机和精力。当我们知道自己想要什么，就更容易投入到所从事的活动中去，一切就会从此不同。

此外，不仅要思考自己想要什么，还要分析为什么想得到它。切记，在你付诸行动之前，目标一定要明确。

无论目标为何，行动计划都能帮你集中心力。制订计划时，必须认真严谨。选择短期目标后，便撰写行动计划，列出实现目标的方法及需求。当然首先要陈述目标：“我想要……”

认真考虑我们选择的方法、制定的步骤、所需的资源，并给自己规定出完成的截止日期。凭借制订行动计划，成功地实现短期目标，能增强制订长期计划的信心。有时候计划并未发挥实际效用，必须修改，这没什么大不了，我们仍可凭借行动计划帮助自己确立目标。

怎样才能知道自己最需要什么

目标制定得越精确，就越容易实现。“我要变得快乐”，这样的目标是不可行的。你要去发现能让你从心底喜悦的事物。问问自己这些问题：对我而言，幸运是什么？成为什么样的人、创造什么样的生活，才觉得幸福？我渴望人生达到什么境地？人生意义何在？能带给我快乐的是什么？幸运者非常清楚快乐之源，他们谈论工作和生活时，热力四射、干劲十足。不要觉得这一切可望而不可即，你也可以如此感悟生活。要创造幸运，必须明白什么能为你带来快乐，能在哪里找得到，你得发掘为你带来幸福的是什么，生活的意义和目的何在。

你也许不太清楚自己要什么，但你应该知道自己最感兴趣的是什么，家庭、工作、朋友还是运动。兴趣就是起点。例如，你打算赚更多的钱，想自己创业，但是又不知道从何着手，那么你可以拜访那些创业成功的人，和他们谈谈，就知道需要具备哪些条件了。

或许上夜校学习一直让你兴趣盎然。网络是信息的集散地，你若对任何事物着迷，可以写信请教这方面的专家，或约时间当面请教，也可以买个记事本，记下快乐的事，写下你的特长以及别人时常赞美你的话语，如：你的组织能力很强，你的笑容真是灿烂。隔天重温记录的内容，回想生命中最美好的时刻、最愉快的假期，它们之间可有共通之处？

发现潜能的途径之一是尝试不寻常、与众不同、有冒险性，甚至有点愚蠢的事。安排一个下午去做以前从未试过的事，即使只是因为这件事听起来很有趣，例如上舞蹈课、做全身按摩、从事公益活动，或是进行不同以往的兼职。只要觉得某件事有意思，就试着制订执行计划。思考一下你喜欢哪些方面，厌恶哪些方面，这样做会对你造成多大的影响。经过这样的尝试，你会发现未知的自己。

这些练习的目的是想让你从生活的习惯中暂时跳出来，检视自己喜欢的或感兴趣的事之间是否存在某种关联。当你聆听别人的言谈或自己尝试新鲜事时，让你兴奋不已的是什么？你的专长是什么？抛下虚伪的谦虚，评估自己的专长，你就会意识到自己的优势，从而更好地去思考自己最需要的是什么。

直觉可以给你引导

无论我们怎么称呼它——预感、洞察力、先知先觉、灵感或心灵之声——直觉都是一般人很少用到，却可以受其帮助的、力量强大的工具，它能帮助我们提高幸运度。直觉如同一片待开垦的处女地，经常被人们所忽视，可是，直觉却非常有用。

我们可能无法解释自己的内心活动，但是我们不能不承认自己对它们并不陌生。而且确切地说，这些熟悉的感觉能影响我们的幸运度。我们是否曾预感某件事可能会发生，而后来往往真的发生了？无论我们是否察觉直觉的存在，它一直都在。直觉到底该如何解释呢？《韦伯斯特辞典》将其定义为：人的大脑不经演绎、不经推理就能立即感知的事实。

直觉能察知以前根本无意识的事。它是一种不知从何处而来的预感，一种毫无逻辑的判断。直觉是一种声音，大脑能听见；是一种感觉，在恐惧来临前提醒我们别担心，放轻松。它让我们提前得知一些事，尽管我们并不确知自己怎么会知道，一切都有些莫名其妙。它可能是轻巧的，也可能是急风暴雨式的。有人把直觉视为上帝与自己的对话，也有人认为是聪明才智发挥我们作用。

我们将简要解释直觉的力量，揭开覆盖其上的神秘面纱，让我们了解为什么有人会比较幸运。

很明显，在一些人避免霉运的过程中，直觉发挥了关键性的作用。假如我们能预知未来的事，我们的运气一定能改变。试想，如果我们能操纵股票市场，该有多好！很多人都渴望拥有这种力量。直觉真的能成为实际生活中解决问题的帮手，真的能帮助我们创造好运吗？心理学家认为毋庸置疑。

为数不少的画家、作家、发明家就是依靠直觉的力量，拥有世界瞩目的伟大创举。爱迪生非常肯定地说，他部分伟大的发明源于身体之外的灵感。当他遇到问题百思不得其解时，就会把它搁在一边，迟早会有灵感的火花，送上答案。

有些人的直觉更敏锐，灵感源源不断，有人却觉得自己很少有这样的体验。然而，越来越多的证据显示，大多数人在不同程度上都具备这种直觉能力。例如，当我们遇到危险时，潜意识就会提醒我们留意，就在一瞬间，有一股力量告诉我们赶紧采取行动——逃跑、对抗、躲避、寻找、蹲下等——许多情况下，正是这股力量拯救了我们的生命。

预感是过去经验积累的结果，所以我们在特定领域的知识越丰富，越可能有预感。我们对与工作相关的事都有直觉，这是因为我们在这方面的直觉已经过多年训练。

有时，我们非常希望直觉告诉我们该怎么去选择。直觉出现在潜意识里，往往不请自来，经常让我们对某件事心知肚明，引导我们走上正确的方向。

其实我们真正拥有的预感，远比我们意识到的多。很多情况下，直觉提醒我们时，我们并没有注意到。为了提高幸运次数，我们需要对这种较高层次上的智力活动保持敏锐的心和开放的态度，当直觉出现时，我们就能有所反应。否则，直觉就会在我们毫无察觉的情况下悄悄溜走。

直觉可以给我们指引，它是我们从自己身上得到的东西，因为我们的直觉常常可以预示将来的结果。

挣脱心灵的枷锁

生命像树一样，大部分人必须移植后才能开花。

一个小孩在看完马戏团精彩的表演后，随着父亲到帐篷外拿干草喂已表演完的动物。

小孩注意到一旁的大象群，问父亲："爸，大象那么有力气，为什么它们的脚上只系着一条细细的铁链，难道它无法挣开那条铁链逃脱吗？"

父亲笑了笑，耐心为孩子解释："没错，大象是挣不开那条细细的铁链。在大象还小的时候，驯兽师就是用同样的铁链来系住小象的，那时候的小象，力气还不够大，起初也想挣开铁链的束缚，可是试过几次之后，知道自己的力气不足以挣开铁链，也就放弃了挣脱的念头。等小象长成大象后，它就甘心受那条铁链的限制，而不再想逃脱了。"

正当父亲解说之际，马戏团里失火了，草料、帐篷等物燃烧得十分迅速，很快蔓延到了动物的休息区。

动物们受火势所逼，焦躁不安，而大象更是频频跺脚，仍是挣不开脚上的铁链。

炙热的火终于逼近大象，只见一只大象已被火烧到，灼痛之余，大象猛一抬脚，竟轻易将脚上的铁链挣断，迅速奔逃至安全的地带。

有一两只象见同伴挣断铁链逃脱，立刻也模仿它，用力挣断铁链。但其他的大象却不肯去尝试，只顾不断地焦急转圈跺脚，最后遭大火吞没，无一幸存。

在大象成长的过程中，人类聪明地利用一条铁链限制了它，虽然那样的铁链根本束缚不住有力的大象。

在我们成长的环境中，是否也有许多肉眼看不见的铁链锁住了我们，而我们也将这些铁链视为理所当然呢？就这样，我们独特的创意被自己抹杀，认为自己无法成功致富，难以成为配偶心目中理想的另一半，无法成为孩子心目中理想的父母、父母心目中理想的孩子。然后，开始向环境低头，甚至于怨天尤人。

这一切都是我们心中那条系住我们的“铁链”在作祟。或许，我们必须耐心静候生命中来一场大火，逼得我们非得选择挣断铁链或甘心被大火吞没。或许，我们会幸运地选择了前者，在挣脱困境之后，语重心长地告诫后人：人只有经历苦难磨炼方能得以成长。

除了这些人们习以为常的方式之外，我们还有一种不同的选择。我们可以当机立断，运用我们的能力，立即挣开消极习惯的捆绑，主动改变自己所处的环境，投入一个崭新的积极领域中，使自己的潜能得以发挥。

我们愿意静待生命中的大火，甚至甘心为它所吞而低头认命，还是立即在心境上挣开环境的束缚，获得追求成功的自由？在这两者之间作出选择并不困难，困难的是我们没有勇气去打破已有的格局。精神上的枷锁有以下几种。

一、“别人会怎样想”的枷锁

面对失败，“别人将会有什么看法呢”？这的确是一种最普遍而且最具自我毁灭性的心理状态。这种“别人”式的想法是一种强而有力的枷锁。它会伤害我们的创造力和人格，把我们原有的能力破坏殆尽，使我们停滞不前。为摆脱这种“别人”式的枷锁，我们不妨想一想，“别人”并不是“先知先觉”，他们往往是“事后诸葛亮”。我们应该记住：走自己的路，让别人说去吧！

二、“注定会失败”的枷锁

这是另一种非常普遍的心理。一旦失败，便将自己初始的动机统统扼杀。他们不断重复着说：“早知如此，何必当初！”他们因此把自己看得渺小，无法透彻地看清自己。要知道，世上绝没有后悔药。为了摆脱“注定会失败”的枷锁，我们需要改变思想，换“脑筋”，因为思想本身会左右事情的发展。我们不妨跟自己闲谈，保持积极的态度。切莫在不经意中将自己的创新意识抛弃，它是我们最珍贵的东西。想着“我将要成功”而不是会失败，“我是一个胜利者”而非“一位失败者”，从而寻找助我们成功的方法。我们会发现我们能左右自己的心灵，也能左右自己的行动。

三、“为时已晚”的枷锁

许多失败者相信“为时已晚”，已无法挽回，无法再创业了，因此对未来完全妥协，尽量逆来顺受地熬日子。这种“为时已晚”的枷锁，包括各式各样的人物。为了除去这种“为时已晚”的枷锁，我们可以多观察那群在社会生活中积极活跃的人物，而不要去理会“年龄的限制”，并下定决心，不断奋斗。所谓“春蚕到死丝方尽，蜡炬成灰泪始干”，成功与年龄无关，重新开始永远为时不晚。

四、曾经失败的枷锁

许多人都害怕再次尝试失败，因为他们曾经失败过，而且受创很深，正所谓“一朝被蛇咬，十年怕井绳”。但是，对每一位有志之士来说，他都必须对过去所犯的错误保持正确的哲学观，从而使他得以再求突破，再创佳绩。如果我们能将自己的失败看成是很有价值的教育投资的话，那就一点也没有损失了。因此，我们完全不必把曾经失败看得太重。其实那根本不能算做失败，只能算是受教育，它能教会我们许多事情，使我们更加成熟。

不管是哪一种，当我们失败了再站起来，或许精神焕发，或许精神一般。但如不能站起，那枷锁就会加重我们的负担，使我们步履维艰甚至压得我们喘不过气来。只有把它们卸下来，我们才能一身轻松地去奋斗，向着自己的目标勇往直前。

许多人都害怕追随自己的激情，不敢追求自己最向往的事情，因为那要冒险，甚至要面对失败。但是全身心地追求你自己的激情本身就是成功，从不做任何尝试才是最大的失败。所以我们要有自己的天地，有自己的激情，有自己的成功。

有时办公室里嘀嗒作响的钟声，就是自己年复一年在脑海中无法停息的恼人呼喊。

无论它是什么，最后全都归结为罗宾·艾伦生活中所发生的变化。

罗宾·艾伦是一位非常成功的经济学家，她在一家主要金融机构担任很高的职位。她有两个孩子和一个温暖的家庭。但她总感觉自己好像失去了什么，生活并不是很完美。在她16岁时，她第一次上舞蹈课，她就满怀激情地想要成为舞蹈家，虽然她不时地学习舞蹈，做一些半专业化的表演，但她始终没有显示出作为舞蹈家必备的才能。而在商务方面她却显得轻车熟路，她获得了经济学硕士学位，建立了成功的事业。

“我父母曾教导我说，要做就做你能做得好的，如果你不能把某件事做得很好，就不要做。虽然我对跳舞有热情，但我没有成为伟大舞蹈家的天赋。我常常在心里进行无法形容的爱与恨的斗争，无法决定是否要继续跳下去。”

考虑到父母的教导，同时也是顺应了社会对她的需要，罗宾压制住自己的激情，全身心地投入到家庭和工作中。可是她从没有放弃在一个完整的舞剧中创作和表演的梦想，尽管她总是说服自己是因为没有时间、能力、创造力和资金来使这件事成功。

有一次，她无意中从卫生间的镜子里看到了令她吃惊的一幕，自己仅有32岁，但是看上去却像个老妇人，也许再也不能在舞台上跳舞了，她在心中回味着不能实现自己梦想的一生。就在那时，她下了决心去练习舞蹈，搞一次表演，即使人们笑话她，即使她一个人在只有空荡坐椅的剧场中跳舞，她也要将这个梦想变成现实。就在那天，她跳上了一辆计程车，怀着不可动摇的决心回到舞蹈课的学习中。

“我对自己发誓要不顾一切地坐上那辆车飞驰而去，重新开始舞蹈课程。坐在车里，我有很深的负罪感，因为我没有像往常那样加班，而是按时下班。但是第二次去跳舞就容易多了，以后就越来越容易了。”

激情和承诺总能使好的事情发生。罗宾下定决心后没几天，一个朋友给她看了一篇有关安德韦·梅伊斯的报道。安德韦·梅伊斯是来自洛杉矶的舞蹈动作设计师和表演家，他将在白岩石附近开班教课。罗宾犹豫了一下，但还是鼓起勇气给他打了电话。“简直像做梦一般，我们见了面，而且一拍即合，接下来的事情就是我们共同努力实现我的梦想。”

在他们的业余时间，罗宾和安德韦共同编写了剧本《不要打破玻璃》，一个关于一位妇女在舞台上和生活中步步妥协的音乐喜剧。他们编排了每个舞蹈段落，自担主角，并安排了许多演员和舞蹈家扮演其他的角色。罗宾认为安德韦就是自己最需要的老师和伙伴。“他知道怎样增强我的力量，通过高超的摄影技术，变换光线和拍摄角度使我看起来更好。他知道作为一名舞蹈者我能做什么，我不能做什么。”

罗宾意识到她不必为了追求自己的梦想而放弃生活的其他方面。“我一直以为，如果我做一些需要付出很大努力的事情，就很难顾及其他事情了，比如孩子或工作。但事实并非如此。其他工作的参与，反而使我的工作效率更高，在工作中取得了更大的成绩。我在工作中表现出了更大的信心和自我意识，和孩子们在一起也更有乐趣和更加自然。孩子们和我一起参加到演出中，卖票、调度灯光，他们也非常喜欢做这些事。我们作为一家人所共同度过的时光也更美好了，确实更加美妙了。”

罗宾与安德韦会面的七个月后，《不要打破玻璃》在温哥华的首映便取得了成功。人们的反映非常好，罗宾和安德韦决定延长演出，将此剧在白岩石上映。“人们都能将自身经历和此故事联系起来。许多人的愿望都未实现，许多人都想有一个机会来发现自身拥有的巨大财富——这个舞剧使人们思索他们是谁，他们还可以成为怎样的人。”

在办公室和在舞台上，罗宾继续着自己的两个职业。作为她自己公司的总裁，她是一位深受欢迎的企业顾问和发言人；同时，罗宾仍然挤出时间制作、编写、演出了四部舞剧，大量观众观看了演出，并且好评如潮。她的生活更加完整，因为她善于倾听自己心灵的呼声。

倾听心灵的呼声，我们才能选择属于自己的生活。

相信自己，依赖自己

有一位高中生即将参加高考了，有一位老师问他：“你认为自己明年能考上重点大学吗？”这位学生摇了摇头。老师又问他：“为什么呢？你怎么知道自己考不上呢？”他给老师的回答是：“我没有这个能力，因为每次考试我都考不了前10名。”

这位老师笑着摇了摇头对他说：“你真这么想吗？你听过跳蚤的故事吗？跳蚤本来可以跳三尺高。可是它却跳不过3寸高的杯子，你知道这是为什么吗？”学生疑惑地摇了摇头。老师接着告诉他：“有科学家曾经做过一个有趣的实验，他们把一只跳蚤放在一只杯子里，然后在杯口放了一块玻璃。这时，跳蚤使劲一跳，结果头重重地碰到了坚硬的玻璃。跳蚤不甘心失败，又跳了一次，可结果还是没有成功。在经过了无数次的碰壁之后，科学家把玻璃拿掉，可是这只跳蚤还是跳不出杯子。这是为什么呢？”学生想了想告诉老师：“这只跳蚤由于受了很多次挫折，它已经认定了自己无论如何也无法跳出这个杯子。”

“对！”老师说道，“我希望你不要像那只跳蚤一样，受到了一些挫折和失败，就对自己失去了信心。”

大部分人就像是那个跳蚤，并不是缺乏成功的能力，而是缺乏向上一跳的信心。一个没有自信的人很难取得成功。因为只有自信才能把不可能变成可能。自信可以使一个人从平凡走向辉煌，所以，当你满怀信心地对自己说“我一定能成功”时，你收获成功的日子就离自己不远了。

很多时候你不是因为事情难以做到，才失去了信心，而是因为自己已经失去了信心，才觉得事情难以做到。当你自信地面对每一天，面对每件事，面对生活和学习中的一切困难时，你会发现自己其实可以做得更好。

事实上，每个选择都可能经历一个艰辛的过程，所以，不要抱怨自己命运不好，那样只会于事无补。每个人都渴望自己能够取得事业上的成功，可是如果不能坚持到底，或者把成功的希望都寄托在了别人身上，那么就永远品味不到成功的甘甜。

有这样一则小故事：

春天来临的时候，小沙弥跑去问老方丈怎样才能够入禅，自己应该怎么做。老方丈什么也没说，只是把一粒夜来香的种子埋在禅房前的土壤里。

春天过去了，小沙弥忍不住又去问老方丈："为什么我天天苦读经书，却不见进展呢？"这一次，老方丈用手指了指门外的夜来香，小沙弥发现那粒种子已经破土而出，萌发了嫩绿的芽儿。

盛夏的时候，因为烦闷和燥热，小沙弥再一次跑去问老方丈："烈日酷暑，蚊虫纷扰，我究竟怎么样才能够入静、入心呢？"老方丈一言不发，又一次用手指了指门外的夜来香。小沙弥看见，在烈日的照晒下，夜来香耷拉着枝叶，萎缩着蓓蕾，静静地面对着现实，默默地积蓄着生机。

夏末秋初的时候，小沙弥已经开始对自己心灰意冷了，也对佛教失去了信心，认为自己再也无法有开悟的可能，准备最后一次去见老方丈。这天夜里，小沙弥迈着沉重的脚步来到了老方丈的禅房，非常气馁地对老方丈说："我觉得自己太愚钝了，辜负了师父的栽培，也辜负了那些经书，半年以来也没悟到半点禅机。请方丈点化一下我吧。如果再不长进，我就要下山了……"

老方丈关切地看了看小沙弥，用平和的口气对他说："你能来找我，还能来讨教很多次，就说明你是一个有心之人。我看你长进不小，颇具慧根了。再说，无论什么事情，指望别人是不行的，关键得靠自己。"

“怎么靠自己呢？”小沙弥茫然地自言道。这时候，老方丈打开门，此时阵阵芳香扑面而来，外面的那棵夜来香已经生长得郁郁葱葱。小沙弥惊讶地说道：“真好看！”忍不住接着问老方丈：“它怎么都是夜里开花呢？而且下面的枝杈上还布满了黑色的种粒？”

“从春天播下种子开始，到现在你所看到的繁花似锦，从来没有人问过或在意过夜来香的事，直到现在我们看见的已经长得很好的它。但是它所经历的日月轮回、风风雨雨以及默默无闻，是大家没有在意也没有看到的，可是最后，它还是在夜里默默无闻地开花吐蕊……”

小沙弥若有所思地笑了，对老方丈笑着说：“我懂了！”

事实上，无论你怎么选择，人生旅途都并非花团锦簇，而是充满了坎坷和磨难。可是无论如何，生活的热情是不应该就此冷却的，每个人的路，还得继续走下去。

既然选择了就不要轻易放弃，也不要等待谁来拯救自己。在自己失败时，给自己一份慰藉和勇气，不要试图期待别人来为你做些什么或者改变什么。一味地依赖别人，只会让自己迷失了方向。在社会上，其实每个人都有自己的位置，要做的就是挖掘自己的潜能，开拓智慧。

在梦想与现实之间作出正确选择

每个人的心中都存有一些美好的梦想和愿望，但是有的人的梦想通过自己的努力变成了现实，而有的人的梦想却依然只是一个缥缈的想法，造成如此差别的关键因素就是勇气。每一个梦想的实现都是要经历磨难和考验的，没有勇气面对这些，就会因此而错过成功的机会。

梦想与实现之间的距离其实并不遥远，关键就看你选择做还是不做。敢做就很可能到达理想的彼岸，使梦想成真；不敢做，就会错失成功的机会，增加内心的遗憾。

1862 年 9 月，美国总统林肯发布了《解放黑人奴隶宣言》。在 1865 年美国南北战争结束后，一位记者去采访林肯。他问："据我所知，上两届总统都曾想过废除黑奴制，《宣言》也早在他们那时就起草好了，可是他们都没签署它。他们是不是想把这一伟业留给你去成就英名？"林肯回答："可能吧。不过，如果他们知道拿起笔需要的仅是一点勇气，我想他们一定非常懊丧。"林肯说完就匆匆走了，记者一直没弄明白林肯这番话的含义。

直到 1914 年林肯去世近 50 年后，记者才在林肯留下的一封信里找到了答案。在这封信里，林肯讲述了自己幼年时的一件事："我父亲以较低的价格买下了西雅图的一处农场，地上有很多石头。有一天，母亲建议把石头搬走。父亲说：'如果可以搬走的话，原来的农场主早就搬走了，也不会把地卖给我们了。'那些石头都是一座座小山头，与大山连着。有一年父亲进城买马，母亲带我们在农场劳动。母亲说：'让我们把这些碍事的石头搬走，好吗？'于是我们开始挖那一块块石头，不长时间就搬走了。因为它们并不是父亲想象的小山头，而是一块块孤零零的石块，只要往下挖一尺，就可以把它们晃动。"

林肯在信的末尾说："有些事人们之所以不去做，只是他们认为不可能。而许多不可能，只存在于人的想象中。"

很多人想获得成功，然而，当他们面对眼前的困难时，却畏惧了，心虚了，最终选择了退缩，使梦想与现实之间的距离拉得更大，也使本来可以实现的梦想变成了心中永远的遗憾。有位名人说过这样一句话："如果不敢去跑，就不可能赢得竞赛；如果你不敢去战斗，就不可能赢得胜利。"选择不甘失败，选择勇敢挑战，再难实现的梦想，也会有变成现实的一天。

本杰明·富兰克林是美国18世纪的杰出科学家，因为他发明了避雷针等而被称为“电学之父”。

在富兰克林之前，人们对雷电一直没有正确的认识。富兰克林从一次电学实验中受到启发，断定雷电是一种放电现象。为了证实自己的设想，他决心把天空的雷电引下来。在1752年7月的一个雷雨天，他和他的儿子一起做了著名的“风筝实验”。他将一块大的丝绸手帕扎到杉木条十字支架上，做成一个风筝。风筝上面固定一根向上伸出几十厘米的细铁丝，细铁丝与放风筝的细麻绳相连，麻绳下端系着丝绸带，绸带上挂了一把铜钥匙。风筝穿入带有雷电的云层中，闪电在风筝上闪烁。一道闪电掠过，富兰克林觉得自己拉着麻绳的手有些麻木。当他把手指靠近铜钥匙时，突然他像被谁推了一把似的，跌倒在地上，浑身发麻。他顾不得疼痛，一骨碌从地上爬起来，将带来的莱顿瓶（一种可充放电的容器）接在铜钥匙上。这莱顿瓶里果然有了电，而且还放出了电火花。他和儿子如获至宝似的将莱顿瓶抱回了家。终于，富兰克林证明“天电”和地电一样能被金属传导，能熔化金属，能点燃酒精。从此，人们认识了闪电的本质就是大气中的放电现象。之后，富兰克林提出了避雷针的设想，并且经过多次试验，制成了实用的避雷针。因为他敢于为了梦想而努力实践，德国大哲学家康德赞扬他说：“富兰克林是从天上取火种的第二个普罗米修斯。”

如何才能将梦想变成现实？那就是充满勇气地去进行实践，努力去缩短梦想与现实之间的距离。当你知难而退、放弃尝试的时候，你就已经将成功拱手让给了别人。

避免一些极端片面的做法

在下了一场非常大的雨之后，洪水开始淹没一个村庄。这时，一位神父正在教堂里祈祷，眼看洪水就要淹到他的腰部了。一位救生员驾着舢板来到教堂，让神父赶快上船。可是神父却拒绝上船，并且对救生员说，他相信上帝会来救他的，让救生员先救别人去。

过了不久，洪水淹过了神父的胸口，神父只好勉强站在祭坛上。这时，又有一个警察开着快艇过来，让神父快点上快艇，否则会被洪水淹死的。然而神父依旧没有上快艇，依旧等着他的上帝来拯救他。

又过了一会儿，洪水几乎快把整个教堂淹没了。神父只好紧紧抓着教堂顶端的十字架。这时，一架直升机缓缓地飞过来，丢下绳梯之后，飞行员大叫神父爬上来，可是神父还是意志坚定地等待上帝来救自己。终于，神父被洪水淹死了……

当他上了天堂，见到上帝后，他很生气地质问上帝为何自己终生奉献给上帝，却没得到上帝的拯救。

上帝告诉他说："我怎么不肯救你呢？第一次，我派了舢板去救你，你不要，我以为你担心舢板危险；第二次又派了一艘快艇去救你，你还是不上船；第三次，我以很高的礼仪来待你，专门派了一架直升机去救你，结果你还是不愿接受。所以我以为你是急着想要回到我这里。"

一个人在面对选择的时候，倘若产生了一些极端的想法，就很容易偏激，就会让自己的选择变成盲目的勇敢；当选择错误时，这种极端的想法也会让自己变得相当自卑。

在面临选择时，首先要做的应该是用自己的智慧来避免走极端的道路，然后再审慎、冷静地选择最好的方法。在选择时，自己必须弄清楚很多问题，尤其是自己根本无力改变的。

某地发了洪水，整个村落都被淹没了。有两个年轻人爬到了相邻的两棵树上，其中一个人的怀里揣着馒头，而另一个人的怀里却揣着元宝。一天两天过去了，洪水还是没有退去，怀揣元宝的人饿得饥肠辘辘，于是他对怀揣馒头的人说：“我给你元宝，你卖给我馒头吃，行吧？我真的很饿！”揣着馒头的人想，洪水迟早都要退下去，有了元宝的话，等洪水退去之后，自己就可以买到更多的田，种更多的庄稼，甚至可以建一所好房子，娶一个漂亮的老婆，过上好日子。想着想着，自己开心得合不拢嘴了，于是就爽快地答应了那个人，就这样，他们两个人做了交换。

怀揣元宝的那个人因为得到了馒头补充了体力，因此有了精力继续在树上等着洪水退去；而那个怀揣馒头的人，把馒头换成元宝后，没有了吃的东西，慢慢饿得失去了力气。当洪水退去后，原本怀揣馒头的那个人，怀揣着换回的元宝饿死了；而那个用元宝换得馒头的人，却好好地活了下来，他捡起自己的那个元宝，回家了！

这个故事告诫我们一个道理，盲目地作出不切实际的选择，最后往往会损失惨重。生活中，盲目悲观和盲目乐观都会使人作出错误的判断，故事里那个最终被饿死的人显然是过于乐观的结果。

人生旅途中，要战胜困难，作出明智的选择，就需要你能够冷静地进行抉择，在抉择后也要学会轻轻地放下。

抉择的冷静，表现出来的是慎重的思考，就是让自己拥有客观的、精准的判断力。因为一个重要的抉择关乎一个人的命运，所以在抉择和判断的时候，要避免自己的冲动和极端。

忠诚于自己的选择

哈维尔·萨内蒂出生于阿根廷，他刚开始踢球时，在俱乐部的位置是后卫。由于他的出色球技使得他在20岁的时候就成为俱乐部赛场上的一员小将，并且在21岁的时候成为主力球员，开始崭露头角。他的绰号叫作“推土机”，就是形容他带球推进时那种无可阻挡的气势，也就是在那种无可阻挡的气势中，他散发出了一股优雅的气质，这也使得他成为队长。在他身上，很少能看到他豪放的个性，更多的是那份阿根廷球员身上少见的沉稳和内敛。

从他到了国际米兰之后，他始终尽心尽力地为球队效力，很少提出一些过多的个人要求，哪怕在这些年中他仅仅只得到了一个联盟杯冠军，他也没有发出过一句怨言。曾经，有关他转会去皇马的传言闹得沸沸扬扬。为此，他专门出来表态：“尽一切可能留在国际米兰，这是我的梦想。我知道皇马对我感兴趣，对此我很荣幸，因为皇马是世界上最好的俱乐部之一。在国际米兰，我有家的感觉。坦白地说，我从未想到过要离开。”

于是，他留了下来。在接下来的赛季，他开始了他不同以往的超人发挥。尽管最后冠军并没有属于他们，但是从开始到结束他都没有放弃过。没有时间疗伤，他再一次为世界杯而战，也许这将是他的最后一届世界杯，不仅仅为了自己，也为了困境中的阿根廷人民。他一直奋勇地努力着，最后他的努力还是无法挽救阿根廷队失利的命运，但是他还是一直证明着自己和自己的选择。

他曾经被称为是一个不知疲倦的右后卫，无论防守还是进攻都充满自信。也正是这样，他也是足坛上的一个神话，他也被称为了忠诚的化身。

在生活中有多少人能像哈维尔·萨内蒂一样坚持着自己该做的，然后始终如一地做下去呢？忠诚于自己的选择，忠诚于自己的事业，也忠诚于自己的家庭和朋友。

为自己的选择负责

每个人的一生都会面临无数次的选择，有的是可以很轻易地作出选择的，有的却要承受很大的压力。但无论是哪种情况，一旦作出了选择，我们就要为我们自己的选择负责到底。

有的人常常会以压力为借口，当他的选择在实施过程中遭遇阻碍、困难重重时，他们就会理所当然地怪罪让他作出这个选择时的压力。比如，有的同学大学毕业了，在回家就业和留在上学所在城市就业，又或者是去别的大城市闯荡这个问题上，面临着左右为难的选择。而如果他迫于家庭的压力选择回家就业，事业顺利还好说，一旦事业不顺利，就会怪家人当初逼迫自己选择回家。这在他们的脑海中是最先跳出来的。因为他们会想，如果不是当初家里施加压力，自己现在在别的城市事业应该是一帆风顺的。殊不知，这种假设是毫无根据的。谁又敢保证留在城市里你的事业就一定是步步高升呢？因为，在他们的潜意识里，他们认为：我迫于家里的压力回家就业，我是为父母考虑，那么父母就应该为我的人生负责，如果我的人生有痛苦或不幸，那不是我的原因，而是父母逼我做出这种选择的。

这种所谓的屈从于压力的想法，其实是在逃避责任。事实上，无论当初是迫于何种压力，选择的人是自己，在任何情况下自己都有选择权。所以，一旦作出了选择，就要为自己的选择负责。因为，这个选择是自己做出来的，不是家人、朋友和亲戚替自己做的，该负责的人自然是自己，而不是他们。

一位漂亮的中国姑娘与一位来自大洋彼岸的美国小伙情投意

合，两个人结婚后决定去美国定居。姑娘为此忍痛放弃了在国内的高薪职位，离开了家人、朋友，去了遥远而陌生的美国。为此，姑娘是抱着一种豪迈的气概登上飞机的。她对新婚的美国丈夫说：“我放弃那么好的工作，远离父母跟你到美国来，这可是我为你做牺牲呢。”

姑娘满以为可以换得美国丈夫的感激涕零，没想到美国丈夫却回答说：“不，不，我不认为这是什么牺牲。在我看来这只是你的一种选择，你只要认为你的选择是正确的、美好的，那你就为你的选择感到快乐就行了。”

这让姑娘有些难过，她认为自己为婚姻做出的巨大牺牲在美国丈夫的眼中却什么也不是。

两个人在美国定居下来后，姑娘就去四处找工作，但是很难有和自己所学专业对口的工作，姑娘为此很苦闷。一天，她对丈夫抱怨说：“你看，我原来是那么好的专业，到美国却没有用了，我又得用很长时间来重新学习一门专业。我浪费的这些时间，是不是我为我们的爱情做出的牺牲呢？”

这一次同样也不例外，美国丈夫马上回答说：“不，不，不要老是说牺牲，每个人都要为自己的选择负责，既然认为自己的选择有价值，这个选择就是正确的，就是值得高兴的。”

在不断的接触和生活中，中国姑娘才意识到，美国人在人际交往中，只会尊重你的选择，而不会承认是你的牺牲。这就意味着：你作出的所有决定，都必须符合你自己的心愿，这样的决定才能成为自己的真正选择。这样与人打交道，才会拥有真正的平等。

一段时间后，中国姑娘跟国内的朋友说：“在美国，我必须工作，必须学会自己赚钱。没有经济上的独立，就不可能作出符合自己心愿的选择，也不可能赢得别人的尊重。”

中国姑娘的经历说明一个道理：任何人都应该为自己的选择负责，而不要指望别人对你负责。一个人想成为什么样的人，只要他选择成为什么样的人，他就会成为那样的人。这就是选择的力量和魅力所在。

存在主义哲学家萨特说："英雄不是天生的，懦夫也不是天生的，都是自己选择的！"人要为自己的选择负责，人也无法回避选择，因为不选择也是一种选择。每一个希望自己能有所作为的人面对着未来很多未知、变化和不可测的因素都应该充分考虑，慎重作出选择，并拿出勇气来承担各种可能出现的结果。只有这样，我们才可能成为生活的强者。